李 毓 佩 数 学 科 普 文 集

Collections of **Li YuPei's** Works
on Popular Science in
the **Field of Mathematics**

李毓佩●著

奇妙的
数王国

长江出版传媒
Changjiang Publishing & Media

湖北科学技术出版社
HUBEI SCIENCE & TECHNOLOGY PRESS

图书在版编目（CIP）数据

奇妙的数王国 / 李毓佩著. -- 武汉：湖北科学技
术出版社, 2019.1
（李毓佩数学科普文集）
ISBN 978-7-5706-0381-7

Ⅰ.①奇… Ⅱ.①李… Ⅲ.①数学－青少年读物 Ⅳ.①O1-49

中国版本图书馆CIP数据核字(2018)第143543号

奇妙的数王国
QIMIAO DE SHUWANGGUO

选题策划：何 龙　何少华
执行策划：彭永东　罗 萍
责任编辑：彭永东　梅嘉容　　　　　　　　　　封面设计：喻 杨

出版发行：湖北科学技术出版社　　　　　　　电话：027－87679468
地　　址：武汉市雄楚大街 268 号　　　　　　邮编：430070
　　　　　（湖北出版文化城 B 座 13－14 层）
网　　址：http://www.hbstp.com.cn

印　　刷：武汉市金港彩印有限公司　　　　　　邮编：430023

710×1000　1/16　　　　　19.25 印张　　　　4 插页　　　　243 千字
2019 年 1 月第 1 版　　　　　　　　　　　　2019 年 1 月第 1 次印刷
　　　　　　　　　　　　　　　　　　　　　　　　定价：68.00 元

4

目 录
< CONTENTS >

1. 梦游 "零王国"

小毅睡得正香，忽然被一阵"铃铃"的声音吵醒。他翻身起床，往外一看，哟，外面还黑乎乎的。是床头的闹钟在响吗？不。这"铃铃"的声音十分好听，分明是从屋子外面传来的。听，还响着呢。

他穿好衣服，走出家门，顺着声音找去。咦，家门口出现了一座巨大的椭圆形宫殿。宫殿里灯火辉煌。

"铃铃"的声音正是从宫殿里传出来的。小毅正伸头往里探望，忽然里面连蹦带跳地跑出来一个小孩。小毅一看，忍不住"扑哧"一声笑了。这个小孩长得多怪呀，鸭蛋形的脑袋，一根头发也没有，就像个阿拉伯数字"0"。

小孩很有礼貌地对小毅说："欢迎你到我们零王国来做客。"

小毅不由得一愣。零王国？只听说有英国、法国、美国，从没听说有什么零王国。

小毅正要问个明白。小孩说："我叫王小零。我带你去见见我们的零国王。好吗？"

零王国还有国王哩。小毅十分好奇，就跟着王小零一同走进了椭圆形的大门。一路上，小毅见到的人都跟王小零一样，长着鸭蛋形的脑袋，都不长头发。小毅忍不住问："王小零，你们这里的人为什么脑袋都是光秃秃的？"

王小零笑着说："我们这里是零王国，所有的人都是零，因此我们的脑袋都长得像个阿拉伯数字 0。"

小毅问："女的也是光头吗？"

王小零说："你们那里有男有女，如同别的整数那样，有正的，也有负的。我们零王国可没有这个区别，所有的成员都是零，既不是正数，也不是负数。"

原来是这样，小毅点了点头。王小零已经把他带到一间椭圆形的屋子前面，摆了摆手说："先请你参观一下我们的宿舍。"

小毅走进宿舍一看，里面全是上下结构的双层床。好些零王国的居民都在上铺休息，下铺却一律空着。

小毅奇怪地问："为什么大家都睡上铺，把下铺全空着呢？"

王小零说："这上铺床板，是一条分数线。我们只能在分数线上面休息，躺在分数线下面就坏事了。你知道这是什么缘故吗？"

小毅想了想，才恍然大悟。他说："我知道了，这是因为在四则运算中，零不能做除数，不能做分母。"

王小零笑着说："你说得对。如果让我做分母，分子却不是我们的同类，比如说是 2 吧：$\frac{2}{0}$ 会得出什么结果呢？设 $\frac{2}{0}=a$，那么 $2=0×a$。因为任何数乘 0 都得 0，不会得 2，所以这个 a 是不可能存在的，假想的 $\frac{2}{0}$ 也就没有意义了。如果分子也是我们同类，就成了 $\frac{0}{0}$。设 $\frac{0}{0}=b$，那么 $0=0×b$。在这个式子里 b 是什么数都成，$\frac{0}{0}$ 到底是什么数，也就不能确定。就因为零不能当分母，所以我们都得遵守一条规定，不得独自躺在分数线下面。"

他们参观了宿舍后，来到一间华丽的宫殿里。小毅看到正中的宝座上坐着零国王。他看上去年龄很大了，可不长胡子，鸭蛋形的脑袋上也没戴王冠。

小毅向零国王鞠了个躬。零国王很客气地说："欢迎你到我们零王国来做客，通过这次访问，你对我们的居民将会有进一步的认识。"

小毅说："对呀，方才王小零就让我长了不少见识。"

零国王忽然想起了什么，态度变得严肃起来："可是有些孩子对我们的重要性认识不足，认为零就等于'没有'。这简直是对我们的莫大侮辱！他们只知道孙悟空能耍金箍棒，叫它大就大，叫它小就小，不知道我们零也有这样的神通。只要有一个零站在一个正整数的右侧，就能叫这个整数扩大 10 倍，比如 4 的右侧站了一个'0'，立刻就变成了 40。相反，如果碰到纯小数，只要有一个零挤到小数点后面，就能叫它缩小到原先的 $\frac{1}{10}$，比如在 0.5 中间挤进一个'0'，就变成了 0.05。我们零有这样大的本领，怎么能说等于'没有'呢？"

小毅一想，果真是这么回事，就说："这样说来，在有些时候，零还是必不可少的。"

零国王得意地笑了。他说："要是没有我们零，数学就没有发展的可能。现代的电子计算机采用了二进位制，从 0 到 9 这十个数字中，别的数字都没有用了，只剩下 1 和我们 0。这不就说明我们零有多么重要！现在让王小零带你到各处去参观参观吧，可是有件事你可得注意：你只可以跟我们的居民握手，千万不要跟我们的居民拥抱。"

小毅奇怪地说："这是为什么？"

零国王说："在我们这里，握手就是做加法，拥抱就是做乘法。"

小毅一想，倒也是，加号"＋"多么像两只相握的手，而乘号"×"，又多么像手臂交叉地搭在一起啊！

零国王接着说："你跟零握手，就是你加上零，结果还得你自己。你要是跟零拥抱，就等于你跟零相乘，结果你也变成了零，再也回不了家啦。你愿意成为我们零王国的居民吗？"

小毅赶紧摇头说："我……我……"

零国王笑着说："我知道你不愿意。王小零，你带客人各处去玩玩吧，好好地送他回家。"

小毅向零国王又鞠了一个躬，随王小零退了出来。

他们拐了一个弯儿，走进一间游艺室。许多零王国的居民在这里做游戏，有打球的，有下棋的。

小毅看着感兴趣的就是压跷跷板了。跷跷板的一头只有一个零，另一头却坐着七八个零，可两边的重量一样，跷跷板一上一下，玩得挺有劲儿。

小毅问王小零："这一头只有一个零，那一头有七八个零，怎么压不住他呢？"

王小零笑着说："一个零是零，七八个零加在一起，结果还是零。我们这儿的居民全没有重量，你怎么忘了呢？"

小毅也跟他们一起玩儿。

他在跷跷板的这一头坐下来，那头就高高地跷起来了，尽管上去了几十几百个零，也休想把小毅抬高一点点。在零王国里，体重只有四十来公斤的小毅，竟成了超重量的运动员了。

忽然，小毅又听到一阵"铃铃铃"的声音，只见零王国的一个居民一边唱着一边张开两臂，朝着小毅冲过来。

王小零紧张地对小毅说："坏了，你快跑吧。这个零有精神病，逢人就搂，见人就抱。你要是让他抱住了，不就坏事了吗？"

小毅一听害怕极了，只怕自己变成零。他顾不得跟王小零告别，拔腿就跑，连头也不敢回，只听得背后"铃铃"的声音却越来越响。

他突然被什么绊了一下，"扑通"一声摔倒了，翻身看，原来还躺在床上。桌上的闹钟闹得正欢，已是起床的时候了。

2. 胖0和瘦1

看球赛

　　胖0左手叉腰，右手指着自己的鼻子做自我介绍："我是数字0，我能吃能睡，心宽体胖，身高一米五，腰围二米三，哈，快成球了！人家都叫我胖0。"

　　瘦1也做自我介绍："我是数字1，我多愁善感，吃得少又睡不着，身高一米八，腰围只有一米，嗨，快成棍儿了！人家叫我瘦1。"

　　胖0乐呵呵地说："瘦1，咱俩去看世界杯足球赛吧！"

　　瘦1瞪了他一眼："你不是在发烧吧？世界杯早赛完了，巴西队把金杯都拿家去了。"

　　胖0眼珠一转："噢，我想起来了，今天有一场精彩的足球赛，是奇数队对偶数队。咱俩去看哪！"

　　瘦1把双手一摊："没票啊！"

"没票我有办法，快走吧！"胖0拉着瘦1就走。

球场门口，收票员数5在大声吆喝："看球的各位请注意，每张票上都印有持票人的号码，只有对上号的才能进场！号不对的不能入场。"

数6走到门口，把一张印有6的票递给收票员数5。

数5先看了一下票，又看了一眼数6："您是数6，票上印的也是6，您请进场。"

瘦1一看这阵势，就打退堂鼓："查得这么严，没票根本就进不去！回家吧！"

胖0把脖子一梗："我就不信进不去！有办法啦！"

胖0撩起衣角，从腰间抽出一把银光闪闪的加法钩子，钩子中间部分有一个很大的"＋"号。原来整数家族中的每一位成员，腰上都挂有加、减、乘、除四把运算钩子。如果用一个运算钩子，比如加法钩子，钩住了另一个整数，这两个数就进行一次加法运算。

"看我的！"胖0拿着加法钩子朝大门走去。这时数7拿着票正往球场大门走来，胖0偷偷从后面跟上，突然以极快的速度，用加法钩子钩住了数7的腰带，嘴里小声说："吃我一钩！"

这时立刻就出现一个算式：7＋0。

瘦1在一旁看得清楚："呀！钩上了。"

突然呼的冒起一股浓烟，遮住了算式。

瘦1说："现在进行运算了。"

浓烟过后，算式不见了，胖0也不见了，只有数7一个人继续往球场走。

瘦1在一旁解释说："7＋0＝7，运算结果只有7，所以胖0不见啦！"

验票员数5核对数7的票："您是数7，票上印的也是7，没错，您请进场。"

数7进场了，又一股浓烟过后，出现了算式7＋0。胖0迅速从数7

腰上摘下加法钩子，胖0又出现了。

胖0高兴地来了一个空翻："耶！进场了！摘下加法钩子，我又变回来了。"

有人用假票

胖0在场内向场外的瘦1招手："瘦1，你快想办法进来呀！"

瘦1也非常想看这场球，他照方抓药，从自己的腰间摘下加法钩子："我也钩他一个！"

他向周围一看，数4拿着票正向门口走，瘦1高兴地说："嘿，目标来了，我和数4做一次加法运算吧！"

瘦1赶紧从后面跟了上去。

瘦1用加法钩子迅速钩住数4的腰带，出现了算式：4+1。

一股浓烟过后，只剩下一个数5继续往前走。

到了门口，数5掏出票递给了验票员数5。

验票员数5一看票，发现了问题："唉，不对呀！票上印的是4，你怎么是数5呀！"他越想越不对，"我是数5，你怎么也是数5？大家注意啦！有人用假票！"

听验票员数5这么一喊，吓得瘦1赶紧把加法钩子从数4腰上摘了下来："坏了，露馅了！快跑吧！"

瘦1垂头丧气地刚想回家，胖0在场里叫住了他："瘦1，你别回家呀！球赛快开始了。"

瘦1哭丧着脸说："不成啊！我用加法钩子试了，露馅了！"

胖0眼珠一转："你用乘法钩子再试试。"

听了胖0的话，瘦1转忧为喜："对！胖0加任何数，还得那个数，胖0用加法钩子管用。我瘦1乘任何数，还得那个数，我应该用乘法钩子。"

这时，数 9 正忙着进场，瘦 1 用乘法钩子从后面偷偷钩住了数 9 的腰带："看你往哪里走，和我做乘法吧！"

立刻出现了算式：9×1，一股烟过后，只剩一个数 9 走向了球场。

验票员数 5 看了一下票："您是数 9，票上印的也是 9，您用的是真票，请进场。"

进场之后，瘦 1 摘下乘法钩子，又变成了数 9 和瘦 1。

瘦 1 开心极了："哈，我瘦 1 也进来了！"

球赛已经开始。场上奇数队和偶数队踢得十分激烈。胖 0 一边吃着东西，一边给偶数队加油："偶数队，加油！进一个，进一个！"

瘦 1 质问胖 0："胖 0，你为什么只给偶数队加油？"

胖 0 边吃边解释："当然啦！我胖 0 可以被 2 整除，我是偶数，我当然给偶数队加油。"

胖 0 指着瘦 1 的鼻子说："你瘦 1 是奇数，你应该给奇数队加油！"

场上进球了，奇数队连进两个球。胖 0 突然从座位上跳了起来："2 比 0，偶数队输两个球啦！假哨！假哨！换裁判！"

突然足球朝胖 0 飞来，胖 0 双手接住球："来得好！"

胖 0 把足球递给瘦 1："瘦 1，你拿着足球，我假装成足球给他们露两手。你踢我一脚！"

瘦 1 抬起右脚，照着胖 0 的屁股狠命一踢，嘭！胖 0 被瘦 1 当做足球踢进了场。

胖 0 在空中高兴地叫着："看，新式胖足球来了！"

新式胖足球

奇数队队员数 17 看到胖 0 正在下落，他来了个凌空抽射，"啪"的一脚，踢在了胖 0 的身上。

瘦 17 感到奇怪："呀！这个足球怎么变得这么轻？"

胖 0 在空中边飞边说："我是胖 0，连体重都没有，能不轻吗？"

"走！"偶数队员数 4 一脚又把胖 0 踢了回来。胖 0 直奔奇数队的大门飞去。

胖 0 高兴极了："踢得好！我要进奇数队的大门喽。"正飞着，发现大门里站着守门员，"呀！有守门员，我可能被他接住。"

胖 0 在空中把中指和大拇指捏在一起，放到嘴里用力一吹，发出一种特殊的声音：吱——声音非常刺耳。

奇数队的守门员数 3 赶紧两手捂耳："呀！什么声音这样难听？"胖 0 趁机飞进了奇数队的大门。

胖 0 高兴地在地上乱跳："哈，我进门啦！扳回了一个球。"

球赛继续进行，数 17 嚷叫："数 11 接球！"数 17 一脚球传给了数11。

数 11 心领神会："好的！我射门啦！"当的一脚，胖 0 被踢得直向偶数队大门飞去。

"不好！我不能飞进自家的球门。拐弯！咱改奔奇数队的大门！"胖 0 飞在空中突然转弯，奔奇数队的大门飞去。

瘦 17 大惊："怪了？这球怎么会往回飞？"

呼的一声，胖 0 飞进了奇数队的大门，奇数队的守门员数 3 看着胖 0，莫名其妙。

胖 0 跳起老高："又进一球，扳平啦！"

胖 0 又飞回看台，对瘦 1 说："我回来了，你快把手中的足球扔回场内。"

瘦1答应一声："好的!"把足球抛进场内。

胖0一拍胸脯："怎么样?我一上场就灌奇数队两个球,平啦!"

突然,瘦1指着场内说:"你看!奇数队又发起进攻啦!"

胖0站起来,振臂高呼:"偶数队顶住!给我顶住!"

咚的一声,奇数队又攻进一个球。

瘦1高兴地连连拍手:"好啊!奇数队又攻进一个球,3比2,奇数队领先!"

胖0发怒了:"哇!偶数队真不争气!气死人啦!"

胖0开始往场内扔软饮料盒,进行捣乱:"给奇数队一大哄啊——欧——欧——"

警察数2和数13,很快就发现了捣乱的人。

数2往看台上一指:"看,是胖0在捣乱,抓住他!"

"走!"数2和数13跑到瘦1的旁边,胖0不见了。

数2问:"胖0呢?"

瘦1摇摇头:"不知道。"

胖0从瘦1的腰上摘下加法钩子,现了原形:"我就在这儿!你们休想抓住我!"

戏弄警察

数2掏出手铐来抓胖0:"我就不信抓不着你,我用手铐铐你!"

胖0用加法钩子迅速钩住了数13的腰带:"我和数13做加法。"

一股烟过后,胖0不见了,手铐戴在了数13的手上。数13冲数2嚷嚷:"你抓我干什么?"

数2一惊:"啊?胖0又没了!"

胖0摘掉加法钩子,又现出原形:"我来无踪去无影,你们警察又能把我怎么样?"

数13小声对数2说:"看来,捉拿胖0只能智取,不能硬来。看我的!"

数13对胖0说:"看来,你胖0只有一种本事,就是和别的数做加法,结果你也就变成了别的数。"

胖0听说自己只有一种本事,来气了,亮出腰间的乘法钩子:"你是要逼我亮出看家的本领。好!看,这是乘法钩子,你吃我一钩子!"胖0用乘法钩子钩住了数13的腰带,成13×0的样子。

胖0又说:"我和你做乘法,变!"一股烟过后,数13不见了。

数2到处找数13:"数13呢?"

胖0笑呵呵地说:"让我给乘没了。"

胖0又用乘法钩子钩住了观众数14的腰带。

数14问:"你要干什么?"

胖0说:"我要和你做乘法。变!"数14也没了。

数2大惊:"啊!数14也没了!"

胖0举着乘法钩子威胁说:"你们都听着,我想把谁变没了,就能把谁变没了,不信来试试!"

瘦1出来劝阻胖0:"胖0,别胡闹了!搅得球赛都没法进行了。咱俩回家吧!"

"回家就回家。"胖0刚要走,数2拦住了他:"胖0你别走,你把数13、数14给变回来呀!"

胖0说:"我给忘了。变!变!"胖0连喊两声"变",数13和数14都重新出现了。

胖0临走时,对大家深深鞠躬:"对不起,我有时疯起来管不住自己,请原谅!"

胖0和瘦1正往家走,路旁闪出一只小蚂蚁。

蚂蚁双手叉腰挡住了去路:"你们俩站住!此路是我开,此树是我栽，要想从此过，留下买路钱！"

胖0一歪脖："呀，一只小蚂蚁，还挺横。"

瘦1在一旁说："你拿出大闹足球场的本事，收拾收拾这只小蚂蚁。"

胖0往手心吐了点吐沫："呸！看我的！"

胖0对蚂蚁吹牛："你看我有多胖！我一脚就可以把你踢到月球去！"

蚂蚁用白眼翻了胖0一眼："你不用吓唬我，我饿了，不给点吃的，别想过去。"

胖0来气了："我看你是敬酒不吃吃罚酒啊！看拳！"胖0抡拳就要去打蚂蚁。

正巧蚂蚁打了一个喷嚏：阿——嚏！一股气流冲向胖0。这股气流呼的一声把胖0冲向天空。

胖0悬在空中叫道："我的妈呀！我要飞到月球上去啦！"

胖0晃晃悠悠地往下落，瘦1伸出双手接住了胖0。

瘦1有点糊涂："怎么蚂蚁打一个嚏喷，就把你喷上天了？"

胖0不好意思，用手摸了一下自己的脑袋："你怎么忘了？我胖0虽然胖，可是体重是零。老兄，还是你去对付他吧！"

压垮蚂蚁

瘦1上前和蚂蚁理论："我们两个什么吃的也没有怎么办？"

"没有吃的，我就把你吃了！"蚂蚁扑上来就要咬瘦1，瘦1向上跳起。

瘦1大叫："嘿，还真咬呀！"

瘦1落在蚂蚁的背上："我跳到你背上，看你咬！"

蚂蚁抬头说："嘿，你比胖0重点，但也没多重！"

瘦1向胖0招手："胖0，快上来！"瘦1让胖0也到蚂蚁的背上来。

胖0摇摇头："我连体重都没有，上去也白搭！"

瘦 1 说：“你快上来，站在我的右边，准有用！”

胖 0 跳到蚂蚁的背上，站在瘦 1 的右手边，立刻变成了数 10。

瘦 1 说：“现在咱俩变成 10 啦！”

蚂蚁立刻觉得背上重多了，头上直冒汗：“怎么回事？这么重了！”

胖 0 看出了门道，他向自己的脑袋上猛击一掌：“嗨！开！”一个胖 0 变成了两个胖 0。

蚂蚁背上的重量变成了 100，趴在地上动不了了。

瘦 1 高兴地说：“哈，我们变成 100 了！”

蚂蚁大叫：“压死我了！饶命！”

胖 0 开心极了：“虽说我胖 0 没有重量，但是和你瘦 1 联合起来，可就厉害喽！哈哈！”

制服了蚂蚁，胖 0 和瘦 1 继续往前走。突然一只大狗熊蹿到了路中央，挡住了去路。

胖 0 没好气：“好狗还不挡道哪！”

狗熊十分认真地解释：“可我不是狗，是狗熊啊！”

瘦 1 问：“你是不是也饿了？想吃我们？”

狗熊摇摇头说：“吃你们俩？你们俩还不够塞牙缝的哪！”

狗熊走近一步：“我狗熊块头是不小，力气也挺大，可是人家都说我不识数！”

胖 0 立刻说：“哇，可怕，是个大傻瓜！”

狗熊接着说：“狐狸告诉我，要想有文化，就去喝两瓶墨水。要想识数，就要吃两个数。”

瘦 1 惊叫：“啊？吃两个数！”

狗熊说：“今天正好遇到你们两个数，不好意思啦！我把你们俩吃了，我就识数了。”说完就张开大嘴，过来要吃。

“慢！”胖 0 拦阻说，“这是坏狐狸在骗你哪！再说狗熊，你好好看看，我们是一个数还是两个数?"

胖 0 迅速站在了瘦 1 的右边,变成为 10。

狗熊感到奇怪:"哼?这是怎么回事?刚才我明明看见的是两个数,怎么一转眼就变成了一个数啦?"

趁狗熊琢磨的工夫,胖 0 和瘦 1 趁机跑了。

骗只鸡来

瘦 1 和胖 0 靠在一棵大树上休息。

瘦 1 说:"哎呀,差点让狗熊吃了!"

胖 0 庆幸地说:"幸亏狗熊不识数。"

狐狸突然从树后闪了出来:"嘻嘻,狗熊不识数,我可识数啊!你俩可骗不了我。"

胖 0 可不怕狐狸,他叉腰迎了上去:"你想吃我们?"

狐狸连连摆手:"不,不。我狐狸专门吃肉,吃你们两个数干什么?"

"既然不吃我们,我们就走了。"胖 0 拉着瘦 1 就要走。

"站住!"狐狸拦阻说,"我不吃你们,并没让你们走啊!"

胖 0 站住脚问:"你想干什么?"

狐狸翻着白眼说:"我想让你们俩给我骗只老母鸡来!"

瘦 1 态度坚决:"我不干!"

"不干?不干我就把你们两个咬成碎渣!"狐狸露出狰狞面目。

胖 0 知道狐狸说得出,就做得到。胖 0 问:"你说说,让我们怎样骗法?"

狐狸小声说:"你就对老母鸡说,有人想送她一包非常好吃的小虫,老母鸡准上当!"

"好!"胖 0 点点头,拉着瘦 1 就要走。

狐狸一把拉住了瘦 1，对胖 0 说："胖 0，你去问老母鸡住在动物村的几号房间，瘦 1 要先留在这儿。"

没办法，胖 0 对瘦 1 说："你先在这儿待会儿，我去去就回。"

路上，胖 0 遇到了大灰狼，就问："大灰狼，你知道老虎住在哪儿？"

大灰狼说："住在动物村 3 排 8 号房间。"他叮嘱胖 0，"老虎最近一直没吃饱，脾气很不好，找他要留神"。

胖 0 高兴地说："谢谢！"

胖 0 兴冲冲地跑了回来。

狐狸忙问："怎么样？打听出来了吗？"

"我打听出来了，老母鸡住在 3 排 7 号房间的隔壁。"

狐狸自言自语地说："7 号的隔壁一定是 8 号了，今天晚上我就把老母鸡堵在屋里，美美地吃上一顿！"

夜晚，狐狸趁着月光，很快就找到了 3 排 8 号。

"到了，这儿就是 3 排 8 号。"狐狸拉开门就往屋里闯，"亲爱的老母鸡，饿死我了！"

老虎从睡梦中醒来，大叫："你饿，我更饿！"老虎一脚把狐狸踢出去老远。

狐狸哀号："天哪！老母鸡变老虎啦！"

又生一计

狐狸回来找到了胖 0，抓住胖 0 就要咬："8 号住的是大老虎，你敢骗我，我咬碎你！"

"慢！"胖 0 问，"我让你去 7 号的隔壁，你去哪儿了？"

狐狸回答："我当然去 8 号了。"

胖 0 又问："聪明的狐狸，7 号的隔壁就只有 8 号吗？"

"这……"狐狸一拍大腿，"哎呀，6号也是7号的隔壁。我怎么给忘了呢？"

"对呀！老母鸡就住在6号啊！"胖0说，"你去6号找吧！准能找到老母鸡。"

狐狸摇摇头："我不能去了，老虎正在抓我呢！"

狐狸眼珠一转，又生一计："胖0，你去对老母鸡说，老公鸡找她有要紧的事！她准来！"

"你等着，我这就回来！"胖0跑去找到了老母鸡。

胖0对老母鸡说："狐狸到处找你，要把你吃掉！"

老母鸡一听，立刻紧张得全身发抖："那可怎么办呢？"

胖0胸有成竹地对老母鸡说："你别害怕，我要逗逗这个坏狐狸，让他闯三关！"

胖0跑回来对狐狸说："我找到老母鸡了，她在东边草棚子里等你。"

"太好了！我马上就去。"狐狸一溜小跑来到草棚子前，捏着鼻子学老公鸡的声音，"我是老公鸡，你快开门吧！"

狐狸等半天没有动静，他一抬头发现门上贴着张纸，纸上写着：

要想开门，要移动下表中的数字，使得横竖各行数字的和都相等，而且每行、每列中的数字不能有相同的。

1	1	1	1	1
2	2	2	2	2
3	3	3	3	3
4	4	4	4	4
5	5	5	5	5

狐狸一看题目，心中怒火上升："嘿，老母鸡长学问啦！敢出题考我？"狐狸飞起一脚就照门踹去，"我狐狸管吃鸡，还管给你做题？"

狐狸刚把前腿踢出去，胖0腰上拴根绳子，突然从空中落下，狐狸的一只前腿，正好蹋进胖 0 的中间空洞里。

胖 0 喊了一声："来得好！"立刻把身体一收缩，把狐狸的前腿紧紧夹住。

狐狸着急地说："坏了，我的脚进圈套啦！"

话声未落，只见绳子往上一提，就把狐狸倒挂在了空中。

瘦 1 在草棚里学老母鸡说话："狐狸，你还管做题吗？"

狐狸连连点头："管，管，你先把我放下，这样倒挂着真受不了！"

胖 0 把狐狸给放了。狐狸走到题目前，说："这题难不倒聪明的狐狸！而且答案还不止这一种哪！"很快狐狸就移动好了数字：

5	4	3	2	1
4	3	2	1	5
3	2	1	5	4
2	1	5	4	3
1	5	4	3	2

码放鸡蛋

狐狸手上做题，心里却一直惦记着老母鸡。题一做完，他立刻钻进了草棚，发现里面没有老母鸡："呀，又让老母鸡跑了！哎，这里有张纸条。"狐狸从地上捡起一张纸条。纸条上写着：

　　我去西边的草棚子里生蛋去了。

　　　　　　　　　　　　　　　　老母鸡

"为什么非要到西边去生蛋？东边不是一样生吗？"狐狸赶紧往西边赶。

狐狸赶到西边草棚，看见地上用 8 个鸡蛋摆成一个正方形，旁边还有字：

现在每边有 3 个鸡蛋，你能摆成每边 4 个鸡蛋，就可以进草棚。

老母鸡

狐狸气不打一处来："我还管给你摆鸡蛋？我把鸡蛋都给你踩碎了！"

狐狸抬脚用力朝一个鸡蛋踩去，这个鸡蛋立刻变成了胖 0，狐狸的脚又踩进胖 0 的空洞中。

狐狸大叫一声："哎哟！怎么又踩到圈套里去了？"

他哀求胖 0："你千万别把我倒挂起来，我摆还不成？"

"鸡蛋总数不变，让每边多一个鸡蛋，只能把中间的一个放到角上。"狐狸挪动中间的 4 个鸡蛋，"摆好了！"

狐狸钻进草棚，发现草棚还是空的："哪有老母鸡？又是空城计！"他在地上又发现一张纸条。

狐狸念着纸条上的字："我在北边草棚里——老母鸡。嘿，让我拜四方啊？我可不再上当啦！"

出了草棚，狐狸听到远处有鸡鸭的叫声：唧唧，嘎嘎。

狐狸立刻来了精神："哇！有鸡鸭的叫声，有戏！可是我饿得实在是走不动了。"

这时，瘦 1 在一旁着急地说："狐狸已经发现了这些鸡鸭，怎么办？"

胖 0 和瘦 1 商量办法。

胖 0 小声对瘦 1 说:"狐狸饿得要死,你从下到上穿过我,咱俩做成一串大糖葫芦给他吃。"

瘦 1 竖起大拇指:"妙!"

狐狸看到了由胖 0 和瘦 1 做成的大糖葫芦:"哟?哪来的大糖葫芦?我正饿着哪!"

狐狸拿起大糖葫芦,刚张开大嘴,胖 0 吱溜一声就钻进了他的嘴里。

胖 0 钻进狐狸的肚子里,高兴地叫:"哈,我进来了!"

狐狸摸着自己的肚子,感到奇怪:"嗯?这糖葫芦也没尝到味,就进肚里啦!还是找到鸡鸭要紧。"

鸡鸭各几只

狐狸看到不远处有两只小鸡和两只小鸭在玩耍:"哈,美餐就在那里!快上!"

狐狸刚想扑过去,胖 0 在狐狸肚子里喊了一声:"胀大!"胖 0 的身体立刻胀大了好几倍。

狐狸立刻就受不了了:"哎哟,疼死我了!"

胖 0 在肚子里问狐狸:"你看见了几只小鸡?几只小鸭?"

狐狸听到有人在自己的肚子里说话,吓坏了:"你是谁?你怎么跑到了我的肚子里?"

"我是胖 0,我就是你吃的大糖葫芦。"

狐狸听了大惊,忙问:"你什么时候出来?"

"嘿嘿,你必须如实回答我几个问题,我才出来。"

"你赶快问吧!"

胖 0 问:"你看到了几只小鸡?几只小鸭?"

狐狸刚想回答，突然眼珠一转："1只小鸡，1只小鸭。"心里想反正你也看不见。

胖0又问："你没骗我吧?"

狐狸眨巴着眼睛回答："不敢，不敢!"

胖0说："你把小鸡数和小鸭数相加，再把小鸡数和小鸭数相乘，看看得数有什么关系?"

狐狸立刻回答："得数相等。"

"好啊! 你在骗我! 1+1=2，1×1=1，怎么能相等? 胀! 胀!"胖0把身体胀得大大的。

狐狸疼得要命："哎哟，哎哟，胖0饶命! 不是1，你说是几呀?"

"只能是2，2+2=4，2×2=4。"胖0说，"你实际上看到了2只小鸡和2只小鸭。是不是?"

"是，是。"狐狸捂着肚子一个劲儿地点头。

胖0质问："你为什么骗我?"

狐狸哭丧着脸说："我想一样留一只，自己吃。可是小鸡和小鸭我都没吃呀，你出来吧!"

胖0指挥狐狸："你脸朝天，张开大嘴。我不出来，你不许闭嘴!"

"是，是。我不敢闭嘴。"说完狐狸就张开大口，胖0从狐狸嘴里噌的跳了出来。

胖0说："我出来了! 我警告你，你不许伤害小鸡和小鸭!"

狐狸连连点头，可是心里却想，我不吃鸡和鸭，我吃什么?

这时小鸡要和小鸭分手了，小鸡招招手："小鸭再见!"

狐狸心中又生一计：我跟在小鸡的后面，就能找到他们的妈妈——老母鸡。好主意! 他暗暗跟在两只小鸡的后面。

胖0立刻看穿了狐狸的诡计："瘦1你看，狐狸想通过跟踪小鸡，来找到老母鸡。"

瘦1一皱眉头："咱们可不能让狡猾的狐狸找到老母鸡。"

胖0晃悠一下脑袋："我有一个好办法。咱俩这样、这样……"

瘦1点点头："成！"

狐狸正在跟踪小鸡，突然发现三个老虎头："呀！大老虎！"

狐狸再仔细一看，嗯？原来不是真老虎，是三个画在纸上的老虎头。上面还写着：

在问号处填上正确的数字，才能过去。

狐狸自言自语地说："我只能从左边两个老虎头中找到规律，才能把右边的问号填对。哇！我找到规律了：是老虎头上的两个数相加，再减去左下角的数，得右下角的数。"

狐狸还有点不放心："别错了，我验算一下：最左边一个有 $9+5-4=10$，对！中间一个有 $7+3-2=8$，也对！最右边一个应该是 $1+5-3=3$，我填 3 就成了。"

狐狸急忙在问号处填上 3，顺利地过了关。

小野猪的问题

狐狸虽说过了关，却找不到小鸡了。狐狸十分懊丧："嗨！填数耽误了时间，小鸡也不见了。嘿，这地上有一个面包圈！"

狐狸虽然饥肠辘辘，但也不敢拿面包圈。上过几次当后，他变得十

　　　　　　　　　　　奇妙的数王国　李毓佩
数学科普文集

分警惕："凡是圆形的东西都不能吃，它可能是胖0变的！"

一头小野猪走来了，狐狸迎上去向小野猪打听小鸡的去向："小野猪，你看到两只小鸡了吗？"

小野猪一撇嘴："你帮我解决一个老师出的问题，我才告诉你哪！"

"行，行，你说吧！"狐狸马上点头答应。

小野猪说："用1、2、3、4、5、6、7、8、9组成三个三位数，使第二个三位数是第一个三位数的2倍，第三个三位数是第一个三位数的3倍。"

"不难！不难！"狐狸解题还是很有一套的，"关键是先让这三个三位数的百位数具有这种倍数关系，取3、6、9作为这三个数的百位数就合适。你看，6是3的2倍，9是3的3倍。"

小野猪不明白："为什么不取1、2、3呢？它们也具有这种倍数关系呀！"

狐狸故作惊讶："呀！猪脑子也这么聪明？"他马上话锋一转，"但是，如果百位数取1、2、3，十位数最小取4、5、6，而他们乘2或乘3之后，有的要进位到百位，这样将破坏百位数原有的倍数关系。因此，这三个三位数应该是327、654、981。"

小野猪点点头，用手一指："两只小鸡向北走了。"

狐狸大步向北走去："哈，老母鸡一家在北边，我可以饱餐一顿啦！"

这一切，瘦1都看在眼里："糟了！狐狸朝老母鸡家去了，怎么办？"

胖0脑袋一晃，说："狐狸对我已经提高了警惕，他见到圆的就躲开！哎，你可以这样、这样……"

瘦1点头说："行，行。"

狐狸朝北边走，忽然看到地上有一根腊肠。

饥饿的狐狸看着腊肠琢磨上了："嘿！它会不会是胖0变的？不会吧，胖0变不成棍状。"他正琢磨着，肚子又叫起来，"真是饿极了，走路直打晃，先吃根腊肠垫垫底儿吧！"狐狸拿起腊肠，张开大嘴就要咬，嗖的一声，腊肠自动钻进了狐狸的肚子里。

狐狸摸着肚子："奇怪呀！腊肠自己就进肚了？"

瘦1则兴奋地说："哈，我钻进狐狸肚子里啦！"

狐狸很快就找到了鸡窝，他问一只在玩耍的小鸡："我是好狐狸，我问你，鸡窝里有胖0和瘦1吗？"看来他最怕胖0和瘦1了。

小鸡说："我给你写个算式谜语，让你猜一句成语。"说完小鸡在地上写出一个算式：$0+0=$？

狐狸的眼珠转了3圈："0加0只能得0，0是什么？0是什么也没有啊，哇！我猜出来了，这句成语是：一无所有！鸡窝里没有胖0和瘦1。冲！"

腊肠饶命

狐狸飞快地冲进鸡窝，把老母鸡吓了一跳。

老母鸡问："是谁?"

狐狸答道："是我，狐狸，我要吃老母鸡!"

老母鸡大叫："啊！救命呀!"

瘦1站在狐狸肚子里，头往上一顶："往上顶，抻抻腰!"

狐狸立刻受不了："哎呀，疼死我了!"

瘦1横过来，用脚蹬："我再躺下来抻抻腿!"

狐狸在地上打滚："腊肠爷爷饶命！我受不了啦!"

瘦1在狐狸肚子里说："谁是腊肠爷爷？我是瘦1。"

狐狸哀求："瘦1爷爷，你可别在我肚子里折腾了，求你了。"

瘦1说："不折腾也行，你必须给老母鸡干点活。"

狐狸点头如小鸡啄米："我干，我干。"

狐狸对老母鸡说："你有什么活让我干？"

老母鸡想了想说："为了防止你们狐狸、恶狼来侵害我们，我要在鸡窝周围挖几个陷阱。"

狐狸问："挖多少个？怎么挖法？"

"一共挖 16 个，分成 5 组，每组的陷阱数都要不一样。"

"这可难不到我，由于 1＋2＋3＋4＋5＝15，而 1＋2＋3＋4＋6＝16，所以只要按 1、2、3、4、6 来分组就成。"

老母鸡递给狐狸一把铁铲："在鸡窝前面挖两组，左边、右边、后边各一组，2 个小时挖完，挖去吧！"

"啊！2 个小时挖完？时间够紧的！"

狐狸开始挖陷阱，挖了一会儿就累得满头大汗。他自言自语地又琢磨开了："挖了快半小时了，刚挖完一个陷阱，这 16 个陷阱什么时候能挖完？"

狐狸灵机一动："我何不找个帮手？对，找大灰狼来帮忙。大——灰——狼——"

大灰狼跑来了："狐狸叫我有什么事？"

狐狸说："我要挖 5 组陷阱，你要能帮我挖两组，我送给你一根大腊肠。"

听说有大腊肠，大灰狼动心了。他问："我挖的两组有多少个陷阱？"

"不多，一组 4 个，一组 6 个。"

大灰狼又问："你挖的三组有多少个陷阱？"

狐狸说："我挖的可多了。这样吧，我出三个数字谜语，让你猜。第一个数是'人有它大，天无它大'。"

大灰狼挠了半天脑袋："猜不着，你接着出下面两个吧！"

"第二个数是'天下无人敌'，第三个数是'一天人不见'。你猜吧！"狐狸心想，就凭你大灰狼的木头脑袋，想猜出这三个谜语，比登天还难！

胖 0 悄悄跑过来帮忙,把大灰狼叫到大树后面,小声对他说:"我告诉你。'人有它大,天无它大'的谜底是 1。"

"为什么?"大灰狼不明白。

胖 0 解释:"把'人'添上一横道,不就是'大'吗?把'天'字最上面的横道去掉,不就变成'大'字了吗?"

大灰狼听明白了,连连点头:"是 1,是 1。"

胖 0 告诉他:"'天下无人敌'的谜底是 2,'一天人不见'的谜底是 3。"

大灰狼一听:"啊!狐狸挖的三组分别是 1 个、2 个、3 个,比我少多啦!"

大灰狼上当

大灰狼对狐狸说:"你让我挖这么多陷阱,我不能白挖呀!你分我几只鸡?"

狐狸说:"我分给你的鸡数等于▲个。"

"▲是多少?"

狐狸先写了一组算式:

▲＋▲＝老

▲－▲＝母

▲×▲＝鸡

▲÷▲＝香

老＋母＋鸡＋香＝100

狐狸解释说:"▲是个位数,从上面的一组算式中可以算出来,你算吧!"

大灰狼看到这些算式直发晕,他对狐狸说:"我去树后面方便一下。"

说完赶紧跑到大树后面请胖0帮忙。

胖0说："▲－▲肯定得0，▲÷▲肯定得1，这样就由老＋0＋鸡＋1＝100，得到老＋鸡＝99，让▲取最大的个位数9，有9＋9＝18，9×9＝81，而18＋81恰好等于99，▲＝9。"

大灰狼高兴极了："哈，我能分到9只鸡，我干！"

大灰狼拼命挖陷阱，狐狸在一旁看热闹。

大灰狼抹了一把头上的汗："真累啊！"

狐狸嘿嘿冷笑："想得9只鸡，还能不累？挖深点，浅了捉不到坏蛋！"

大灰狼发现自己挖的陷阱已经很深了："我说狐狸，都挖这么深了，捉大象都没问题了！"

狐狸围着陷阱转了一圈儿："嘿嘿，差不多了。"

大灰狼伸出手："你快拉我上去。"

狐狸拉着大灰狼的手假装往上拉，刚拉到一半，狐狸突然一松手，大灰狼扑通一声又掉了下去。

大灰狼叫道："呀！你怎么松手啦？"

狐狸冲大灰狼一龇牙："总共就一只老母鸡，你上来我吃什么？"

大灰狼大怒："啊，原来你在骗我！"

狐狸点着头说："狐狸不骗人还叫狐狸？嘿嘿！"

他拿起铁铲，铲土往坑里填去，"亲爱的大灰狼，请你安息吧！"

瘦1在狐狸肚子里说话了："坏狐狸，你骗人又害人，我不能留着你！"说完在狐狸的肚子里开始折腾，"我先来个鲤鱼打挺，再来个鹞子翻身！"

"呀！疼死我啦！"狐狸疼得满地打滚，胖0和老母鸡在一旁拍手叫好。

狐狸哀求："瘦1大哥，饶命！"

胖0打气说："瘦1干得好！接着折腾！"

狐狸满地打滚，一不留神滚进了大灰狼挖好的陷阱里，"啊！"狐狸大叫一声，在狐狸叫喊的同时，瘦1从狐狸的嘴里跳了出来。

瘦1说："哈，我从狐狸的肚子里出来啦！"

胖0、瘦1和老母鸡一起往陷阱里推土。

胖0欢呼："狐狸和大灰狼合葬喽！"

老母鸡说："消灭两个害人精！"

3. 淘气的小 3

奇数村和偶数村

自然数家族中最调皮的要算数 3 了。由于他个头儿长得比较矮，大家都亲切地叫他"小 3"。

小 3 走路都不好好走。他走起路来连蹿带蹦，有时身体往前走，眼睛却往后瞧。

这一次，小 3 又歪着脑袋一溜烟地往前跑，咚的一声和一位白胡子老爷爷撞了个满怀。

白胡子老爷爷说："小 3，你又到处乱跑，撞了车碰了人多不好。"

小 3 不以为然地说："撞一下没事，到处跑一跑多自在呀！"

"没事儿？从现在起你再撞着谁，就将和谁做一次乘法，不信，你就撞去吧。"白胡子老爷爷用手指了一下小 3，就不见了。

"撞着谁就和谁做一次乘法？嘻嘻，这倒挺好玩，我要撞一撞，试

一试。"小3说完撒腿就往前跑。

远远看见数2坐在一块石头上，小3低头朝数2猛撞过去。只听咚的一声响，地上冒起一股白烟。白烟过后数2没有了，小3也没了，坐在石头上的却是数6。小3呢？原来小3和数2被一个乘号"×"紧紧箍在一起，变到数6的肚子里去了：$2 \times 3 = 6$。

数6站起来拍了拍裤子上的土，朝偶数村走去。小3一看数6往偶数村走，就着急了。他喊道："不对，走错方向了。我不住在偶数村，我是奇数，我住在奇数村。"

数2说："你嚷嚷什么！谁让你撞我，和我做乘法来着。任何一个奇数只要和我数2相乘，立刻就变成偶数。"

小3惊奇地说："你那么厉害？如果偶数和你做乘法呢？"

"偶数和我数2相乘，当然还是偶数。一句话，任何一个自然数和我相乘，都将变成偶数。"

小3哀求说："数2帮帮忙，你是偶数，我是奇数，咱俩没关系，咱俩一起使劲儿，挣脱开这个乘号吧。"

数2摇摇头说："不对！谁说咱俩没关系？你好好想一想，你小3除了是奇数，还是什么数？"

小3想了一下说："我除了是奇数，还是个质数。你知道什么是质数吗？质数就是除了能被1和它本身整除外，再不能被其他自然数整除的那种自然数。1除外，1不算质数。"

数2说："我也是质数呀，和你是一家子。"

"骗人！我有许多质数朋友，比如5、7、11，等等，都是奇数。你数2是偶数，怎么会是质数呢？"

偶数撞不得

"是不是质数，应该用质数的定义来衡量。我数 2 除了能被 2 和 1 整除外，不能再被其他自然数整除，当然是质数喽。"

小 3 想了想说："对！你符合质数定义，你是质数。"

"我是质数中唯一的偶数，也是最小的质数。"

"对！"

"一、二、三！"小 3 和数 2 一起向相反的方向使劲，终于挣脱了乘号的束缚。小 3 向数 2 招招手说："再见了，自然数家族中最小的质数。"

小 3 又开始跑了。他一面跑一面想：偶数可撞不得！一撞偶数，就变成偶数了，可就回不了奇数村啦。

小 3 只顾想事，一不留神和数 5 撞在一起，一股白烟过后，3×5 变成了 15。

小 3 高兴地说："撞上奇数可没事，三五一十五，结果还是一个奇数，一点儿没变。"

数 5 嘟嘟囔囔地说："什么一点儿没变呀！你数 3 是质数，我数 5 也是质数，咱俩相乘变成了 15，15 可不是质数喽。"

小 3 一摸后脑勺说："对呀！和一个不是 2 的质数相乘，虽说乘积还是个奇数，但是已经不是质数了。唉！说真的，咱俩相乘之后变成什么数了？"

数 5 说："咱俩相乘得 15，这 15 除了可以被 1 和本身整除，还能被你——3，我——5 整除，这样的自然数叫合数。"

"变成合数了，那我可不干。"小 3 使劲挣脱了乘号，又低头猛跑。咚的一声，又撞到了一个数。

白胡子爷爷

一股白烟过后，小 3 摇了摇脑袋，发现自己并没变，还是数 3。怪呀！我明明撞上了一个数，怎么没发生变化呢，难道是在做梦？

只听见一个数在自己肚子里说："你撞着我了。"

"你是谁？"

"我是 1 呀！"

"噢，我想起来了。"小 3 说，"任何一个自然数和 1 相乘，还得原来的数。数 1 这个性质真奇特。"

小 3 连蹿带蹦又往前跑，眼看就要撞上站在前面的一个数了，突然，一个人把他拉住了："不能撞他，危险！"

小 3 回头一看，拉他的正是那个白胡子老爷爷。小 3 不服气地说："为什么不能撞？偶数、奇数我都撞过，他有什么了不起？我偏要撞。"说完又低头往前冲。

白胡子老爷爷说："你看看他是谁？"待前面的数回头，把小 3 吓了一跳，原来他是数 0。

白胡子老爷爷说："0 和任何数相乘都得 0。你如果冒冒失失地一头撞到 0 身上，和 0 做乘法，可就永远变成了 0，再也看不见你这个小 3 了。"

小 3 听了这番话，吓得出了一身冷汗。他赶紧向白胡子老爷爷一鞠躬说："感谢您救了我一命，我今后再也不到处乱跑了。老爷爷，您到底是谁呀？"

"闯一闯也好，使你长了不少见识，对自然数的乘法有了更深的了解。不过，你还要认真地读书和学习，才能不断地进步。你要问我是谁呀？你来看。"一股白烟过后，出现了一本很大的数学书。啊！白胡子老爷爷原来是数学书变的。

4. 老数 5 回现代

在博物馆的玻璃柜里，摆着许多出土的牛肩胛骨和乌龟壳，它们已有 2000 多年的历史了。在这些出土文物上，刻有许多奇形怪状的文字，其中有一个是 Ⅹ，这是个"5"字，他就是老数 5。

老数 5 在牛骨上等了这么多年，非常想念故乡。

夜深了，皎洁的月光照在地面，好像洒了一地水银。在这美丽的夜晚，老数 5 实在待不住了，他用力挣，从牛骨上挣脱出来了。

"回故乡去！"老数 5 下定决心说。他钻出玻璃柜，然后跳到地面上，快步走出了博物馆。

老数 5 沿着弯弯曲曲的山路，不断地往前走。

"我的故乡多好啊！我们自然数（在数物体个数的过程中，用来表示物体数目的 1、2、3…的数）家族的族长是数 1，从族长往下排，我排行老五。家庭成员虽然有无穷无尽多个，但是个个遵守秩序, 和睦相亲，

从来没有出现过混乱的现象。现在的故乡也不知变成什么样了？"老数5边走边想。

"站住！出示你的牌子。"一声吆喝，打断了老数5的思绪。一个瘦瘦的士兵用枪拦住了老数5的去路，士兵的左胸挂着一个大圆牌，上面写着 $\frac{1}{10}$。

"牌子？哪来的牌子呀？"老数5心里有点疑惑，他对瘦士兵说，"我是数5，离家已有2000多年了。那时，还没有什么牌子，就连你，我也没见过呢！"

"你是数5？"瘦士兵怀疑地看着老数5说，"哈！笑话！数5是我的好朋友，和你长得半点都不像，你敢冒充数5来骗人？走，跟我去见小队长！"

"唉！老啦！连家乡的人都不认识我了。"老数5在士兵押解下慢慢地向前走。

老数5的故乡真的变了，一排排新式楼房拔地而起。很多数在来来往往，他们身上都挂着牌子。一个数的牌子上写着0.6，一个写着 $1\frac{2}{3}$，另一个写着0.72…这些数，老数5一个也不认识。

老数5被押进一间大房子，瘦士兵 $\frac{1}{10}$ 向一个矮矮胖胖的数行了个礼，然后一本正经地说："报告 $\frac{9}{10}$ 小队长，我抓住了一个冒充数5的家伙，请队长发落。"

$\frac{9}{10}$ 队长仰面朝天地躺在沙发上，慢吞吞地说："既是个冒名犯，拉出去枪毙算了。"

"什么？枪毙？"老数5说，"我确确实实是数5啊！不信，你去问族长数1。"

$\frac{9}{10}$ 小队长听了老数5这句话，立刻站了起来，吃惊地说："什么？你认识1司令！你怎么不早说呢？"小队长向士兵 $\frac{1}{10}$ 一挥手说："快送

　　　　　　　　　　　　　奇妙的数王国　　李毓佩
数学科普文集

客人去司令部！"

老数 5 在司令部见到了数 1，他已今非昔比了。他身上穿着元帅服，腰间挎着指挥刀，胸前挂了各式各样的奖章。最使老数 5 奇怪的是，他记得数 1 是横着画一笔，可是现在胸牌上写的 1 却竖起来了。老数 5 心想，难道当上司令连数字的写法都改了？

1 司令对着老数 5 看了半天，才大叫一声："你不是老五吗？"

老数 5 立刻扑到 1 司令的怀里，激动地说："大哥，老五回来了！"

1 司令眼里充满泪光，说："你离家出走，一走就是 2000 多年，真把兄弟们想坏了。"

"我也惦记着……大……家……呢！"老数 5 哽咽了。

1 司令望着老数 5 说："你还是老样子。"

"你变化很大，如果在路上碰到你，我真不敢认你。"接着老数 5 把刚才发生的事向他说了一遍。

1 司令听了，笑着说："也难怪他们，你是 2000 年前刻在甲骨文上的 𝕏，现在的数谁认识你呀！来，我给你挂上个牌子。"1 司令说着把一块写了 5 的胸牌，挂在老数 5 的胸前。

"走，我带你去逛一逛，看看我们家乡的变化。"1 司令边说边拉着老数 5 的手，走出了司令部。

他们刚出门，左边就来了一支队伍。前面由 8 名骑兵开路，后面是乐队，一个光头的数坐在一匹高大的马上。路上所有的数都向这个光头的数致敬，连 1 司令也举手向他行礼。

老数 5 用胳膊碰一碰 1 司令，问道："我怎么没见过这个零国王呀？"

"噢，零国王的年纪比我们小得多，他才 1000 多岁。零国王出生在印度，你刻在牛骨上时，他还没出世呢！"

老数 5 又问："他那么年轻，怎么当上了国王？"

1 司令说："零国王可不简单，只有零的出现，才有现在通用的阿拉伯数学记数法。因此，我们也由汉字改成阿拉伯数字。你看，我由横写的'一'变成了竖写的'1'。"老数 5 听了，频频点头。这时他才恍然大悟，1 司令的'1'为什么要这样写了。

前面有间书店，许多数在排队买书，老数 5 也想买几本书。他知道数家族排队是按数的大小来排。数小的排前头，数大的排后面。

老数 5 顺着排头往下看：0.5、$\frac{4}{5}$、1.01、$\frac{7}{4}$、$3.\dot{6}$、$4\frac{1}{4}$、4.8、$4\frac{9}{11}$、5.0101…他一个数也不认识。老数 5 来回走了好几趟，最后在 $4\frac{1}{4}$ 和 4.8 中间停下来。老数 5 心想，$4\frac{1}{4}$ 中有两个 4，凡 4 总比我小，不过 4.8 中的 8 可比我大得多呀！对，我应该站在这两个数的中间。

老数 5 一侧身就挤进队伍里，不料 4.8 把老数 5 推了出来，他生气地说："你怎么不按数字的大小排，乱插队呀！"老数 5 赶紧退到 4.8 和 $4\frac{9}{11}$ 中间，结果 $4\frac{9}{11}$ 又把他撵了出去，还瞪了老数 5 一眼。老数 5 不好意思地离开了买书的队伍。

他空着手回来，把排队的事向 1 司令说一遍。1 司令一挥手说："我带你去。"1 司令向老数 5 解释，"现在我们这个家族分好几个系统，这个系统包括自然数、正分数、正有限小数和正无限循环小数。"

1 司令指着 0.5，介绍说："他是小数，我们和小数比大小，主要是和小数点左边的数比大小。0.5 的小数点左边是 0，比我小，因此 0.5 也就比我小。你别看我是司令，我排队买东西时，也要站在他的后面呢！"

接着 1 司令告诉他，$\frac{4}{5}$ 是真分数，$\frac{7}{4}$ 是假分数，$4\frac{9}{11}$ 是带分数，$3.\dot{6}$ 是循环小数……

这一大堆数，把老数 5 都弄糊涂了。最后 1 司令把老数 5 插在 $4\frac{9}{11}$ 和 5.0101 之间，老数 5 买了本《零国王回忆录》后，就和 1 司令继续往前走。忽然，前面传来阵喧闹声。

1 司令快步走了上去，大声叫道："你们在嚷什么？一点规矩也没有。”

数 8 从数群中钻了出来，生气地说：“大哥，分数真不讲理啊！他们硬说分数比我们自然数多，所以司令官的职位应该由分数来管。”

数 $\frac{1}{8}$ 满脸通红，挺着脖子说：“分数多是事实。比如你们自然数中有一个 4，我们分数中就有 $\frac{1}{4}$、$\frac{2}{4}$、$\frac{3}{4}$ 三个数和他对应着。数越大，和他对应的分数就越多。”

数 1 不愧为司令官，他镇定地说：“谁多谁少比比看吧！”接着他下令所有的自然数和分数到操场上集合。

自然数从 1 司令开始，2，3，4…排成一个横排，一眼望不到尽头。分数则不然，他们排成一个方队，横向和纵向都没有边际，第一排分子全是 1，第二排分子全是 2…而分母是按 1，2，3…顺序排的。

1 司令说：“如果每一个分数都用一个自然数编号，那就说明自然数的个数不会比分数少。”

1 司令命令自然数按箭头所指的方向，给所有分数编上号码。过了一会儿，1 司令大声问：“哪个分数没编上号，请说句话。”下面鸦雀无声。

1 司令又问：“谁还说分数多，请站出来！”下面毫无动静。

“解散！”1 司令一声令下，大家都散开了。

老数 5 翘起大拇指，佩服地说：“你这个司令真不简单啊！”

5.7 和 8 的故事

妈妈给小毅新买了一个塑料的"数学万宝盒"，里面有十个阿拉伯数字 0、1、2、…、9，有 +、−、×、÷ 四个运算符号，还有一个等号。用这个万宝盒可以摆出好多种四则运算式子，挺好玩的。

小毅非常高兴，边跑边跳边唱。他只顾拿着盒子上下舞动，连两个数字从盒子里掉出来都不知道。

"啪，啪"两声，数 7 和数 8 掉到了地上。7 和 8 大声喊叫"停一停，停一停，把我俩丢啦！"可是小毅头也不回，随着远去的歌声，一溜烟地跑走了。

"呜呜……摔得我好痛啊！呜呜……把我俩丢下了可怎么办哪？"数 7 躺在地上伤心地哭了起来。

数 8 站了起来，他活像一个不倒翁，拍了拍身上的土，左右晃了晃说："小 7 你别哭了，小毅就是那么毛手毛脚的，他把咱俩丢了也一定

着急，咱俩还是赶紧去追他吧。"

数 7 站起来像一根拐棍，脑袋往前探着和身体成 90°角，身体倒是笔直的。他擦了擦眼泪说："那……咱俩就赶紧追吧！"数 7 不会走，他只会蹦。只见他把腿一弯再一直，就向前跳出去小段距离。数 8 就更惨了，他只会侧着身子左右摇晃，一点一点往前蹭。

没走多远，数 7 已累得气喘吁吁，数 8 光秃秃的脑袋上也布满了汗珠。

"咕咚"一声，数 7 直挺挺地躺在了地上，喘着粗气："我跳不动了。再说像你这样一点一点往前蹭，什么时候能追上小毅呀？"

数 8 用手抹了一把头上的汗说："是啊，咱俩得想个办法。"

"嘀嘀……"一辆小汽车飞驰而过，把数 7 吓了一跳。

数 8 望着远去的汽车说了声："有主意啦！"

数 7 忙问："你有什么好主意？"

"请你用尽平生的力气，撞我腰一下。"说着数 8 已稳稳地站在那里，等数 7 来撞。

"撞腰干什么？"数 7 犹豫了一下，然后像运动员掷铁饼那样，在地上连转了好几个圈儿，用头猛撞数 8 的腰部，只听"砰"的一声响，数 8 的身体从中间断开了，变成了一个稍大和一个稍小的两个圆圈，两个圆圈在地上一个劲儿地乱转。

"哇……"数 7 放声大哭，边哭边说，"是我害了你，把你撞成了两个 0。"

"你别怕，过一会儿你再把两个 0 接起来，不又变成 8 了吗！"两个圆圈让数 7 仰面朝天平躺在他们身上。

数 7 高兴地说："这不就变成了两个轱辘的摩托车了？前面还有挡风板，真神气！"

"数 7 你躺稳了，车子要开起来啦！"说着小轮在前，大轮在后，小车飞也似的向前跑去。小车越跑越快，渐渐连小毅的歌声都听到了。

数 7 高兴地举起双手，高喊："我们快追上喽！"

突然，小车被一块石头绊了一下，一连向前翻了几个跟头，数 7 和两个轱辘也摔分了家。前面恰好有一个没有盖盖的下水井，他们一起掉进了下水道里。由于他们重量轻，能浮在污水的上面，随着污水往前漂去。在黑暗中数 7 大声喊："小 8，小 8，你在哪儿？这里真臭，熏死人啦！"

两个圆圈同时向数 7 靠拢，说："快把我们俩接上。"数 7 把两个小圆圈接上又变成数 8。

数 7 垂头丧气地说："这下子可完了！掉进这么深的下水道里，永远也别想出去啦，唉！"

数 8 安慰说："不要丧失信心，办法总是会有的。"话还没说完，数 7 和数 8 被什么东西同时叼出了污水，放到了干的地方。

"吱！吱！"两声尖叫，数 7 和数 8 看清楚了，原来是两只小沟鼠。他们以为是什么好吃的东西，把他俩从污水中叼了出来。

一只小沟鼠用牙咬了咬数 7，数 7 痛得直掉眼泪。小沟鼠生气地吐了一口唾沫说："呸，咬不动，不是什么好吃的，把他们扔回去吧。"

另一只小沟鼠不同意，他说："不是好吃的，是好玩的也行啊。咱们去找找眼镜老师，问问他这是什么玩意儿。"

"好吧！"两只小沟鼠又叼起数 7 和数 8，飞快地跑了起来，一连拐了好几个弯，到了一个光线比较亮的地方。数 8 抬头看了看，这是在一个下水井的下面。阳光透过井盖的小孔照进了井里，一只老沟鼠戴着只有一条腿的老花镜，借着微弱的光线在看书。

两只小沟鼠把数 7 和数 8 放到了老沟鼠的面前问："眼镜老师，你看看这两个是什么东西，有用吗？"老沟鼠扶了扶一条腿的眼镜，仔细看了看说："这是两个数字，一个是 7，一个是 8。"

"数字？"一只小沟鼠高兴地说，"这么说，你可以用他俩教我们学算术喽?"

"只有7和8怎么教？至少要有0、1、2、…、9这十个数才行。"老沟鼠扬了扬手说，"扔了吧，没用!"

一听说没用，数8挺身站起来，对老沟鼠说："你说，你还需要哪个数呢？"老沟鼠撇着嘴说："要哪个数？我想要一个0，你有吗？"

"有!"数8斩钉截铁地回答。他冲数7使了个眼色说："小7，你再来个照方抓药，用力撞!"数7心领神会，立刻在原地转了几个圈，用头使劲撞击数8的腰部，"咕噜噜……"立刻滚出两个0。

数7一手拉着一个0，神气地对老沟鼠说："你要一个0，我给你变出两个来!"

"嗯?"老沟鼠赶紧扶了扶眼镜看了一下，他鼠眼一转说，"你是把一个8拆成了两个0，这算不了什么。我要数1，你有吗？"

数7赶紧把数8装好，问："他要数1，怎么办？"

数8用手摸了摸自己的光头说："想一想，总会有办法的。"他低头拾起了一根小木棍，左手拿着木棍的一头，让数7右手拿着木棍的另一头，摆成了8-7的样子。

数8问："你看这个算式等于几？"

"等于1呀!"老沟鼠说完又后悔了。他立刻改口说："上当啦! 我应该说这等于8减7，不说等于1就好了。嗯……我还要个2，看你们怎么办？"

数8双手叉腰站好，对数7说："小7，你在我头上拍两下。"

数7用手在数8的光头上轻轻地拍了两下，"噗"的一声，数8不见了，站在面前的是三个2。数7高兴地说："有2啦!"一下子就变出来三个2。

"怎么回事?"老沟鼠简直不敢相信自己的眼睛，他问，"怎么一下子数8就没了，变出来三个2？"

一个数2伸了伸懒腰说："亏你还是个读过书的老沟鼠! 8是个合

数，8本身有三个质因数，那就是我们三个2。不信，我们再给你变回去。"说着三个2站成一排，最左边的2伸出右手，最右边的2伸出左手，中间的2伸开双手各拉住这两只手，立刻摆出2×2×2的样子，只听"噗"的一声，又变成了8。

"真好玩，真好玩。"两只小沟鼠高兴得又蹦又跳。

一只小沟鼠跑近数7问："如果在你头上拍几下，你能变出几个质因数来？"

数7摇摇头说："多一个也变不出来，因为我本身就是质数。"

老沟鼠把一条腿的眼镜擦了擦，又想出个主意。他对两只小沟鼠说："虽然他俩能变化出各种数字，可是，据我观察，这两个数有点儿傻，用傻数是学不好数学的，还是扔了算啦！"

"胡说！"数7气急了，大声对老沟鼠说，"我们一点儿也不傻！不信，你出一道最难的题考考我们，看我们会不会做？"

老沟鼠"嘿嘿"一笑说："你数8还可以变成三个2，你数7是不能变了。我让你8和7，或者三个2和一个7，组成一个很大的数，你们办得到吗？"

"这个容易。"数7往数8的右边一站说，"你看这个数怎么样？"

老沟鼠连连摇头说："87呀！连100都不到，太小太小。"

数7轻轻一跳，跳到了8的右肩膀上，摆成了8^7样子，然后对老沟鼠说："你看这个数大不大？"

老沟鼠有点吃惊，他说："8的7次方，这表示7个8连乘。别忙，让我算算它有多大？"老沟鼠从床下摸出一个偷来的电子计算器，算起来：

$$8^7 = \underbrace{8×8×8×8×8×8×8}_{7个8} = 2097152。$$

老沟鼠看着结果一字一句地念道："是二百零九万七千一百五十二，

不大不大。"

数 8 可真有点儿动气了，只见他举手在自己的光头顶上"啪、啪"连拍两下，"噗"的一声变成了三个 2，这三个 2 和 7 摆成了一个数 $2^{2^{72}}$。

数 7 问："老沟鼠，你来看这个数大不大？"

"啊！"老沟鼠吃惊地说，"这数都叠罗汉啦！"

数 7 得意地说："哈哈，怎么样？你算不出来了吧？"

老沟鼠头上开始冒汗了，他说："谁说我算不出来？先算 2 的 72 次方，也就是 72 个 2 连乘。"他用电子计算器算了好一阵，得出了一个数：

$$2^{72} = \underbrace{2 \times 2 \times 2 \times \cdots \times 2}_{72 \uparrow 2} \approx 470\underbrace{\cdots 0}_{20 \uparrow 0} \, 。$$

老沟鼠惊呼："我的妈呀，47 的后面要连写上 20 个 0，这个数是四十七万亿亿呀！"

数 7 高兴地喊着："老沟鼠，你还没做完哪，快接着算！"

老沟鼠又写出：

$$2^{2^{72}} \approx 2^{4700\overbrace{\cdots 0}^{20 \uparrow 0}} = \underbrace{2 \times 2 \times 2 \times \cdots \times 2}_{\text{四十七万亿亿个 2}} \, 。$$

然后哆哆嗦嗦地说："这需要把 2 连乘四十七万亿亿次呀！妈呀，这么大的数我可算不出来。"

数 8 恢复了原样对老沟鼠说："不是我们傻，是你笨！"

老沟鼠恼羞成怒，站起身来，目露凶光逼近数 8 大声喊道："不傻就更不能留着你们啦！这个世界只能有我这么一个聪明的老沟鼠存在。"没等老沟鼠把话说完，数 7 用身体绊了老沟鼠一下，"咕咚"一声，老沟鼠栽倒在地上，把那一条腿的眼镜摔出去很远。老沟鼠趴在地上四处乱摸，嘴里不停地喊："我的眼镜，我的眼镜，没有眼镜我就是个睁眼瞎！"

数 8 趁机往地上一倒，数 7 用脚钩住数 8 的脚，头朝下，头顶着地把身体支起来，非常像一副只有一条腿的眼镜。老沟鼠把这副假眼镜摸

奇妙的数王国　　李毓佩
数学科普文集

到手，赶紧架到了鼻子上。这时，数 7 的头正好搭在老沟鼠的耳朵上，数 8 横躺在他的鼻梁上。数 8 一声令下，数 7 用牙使劲咬老沟鼠的耳朵。数 8 的身体一伸一缩用力夹老沟鼠的鼻子，把老沟鼠疼得满地打滚，高叫："痛死我啦！救命啊！"

数 7 和数 8 手拉手撒腿就跑，老沟鼠倒在地上，声嘶力竭地叫喊："快把 7 和 8 抓住，我要把他俩咬成碎末！"

两只小沟鼠原来只顾看热闹，听老沟鼠一喊，才如梦方醒。他俩"吱、吱"尖叫了两声，露出利齿向数 7 数 8 逃跑的方向追去。

数 7 着急地说："这下可完了！咱俩跑不快，非叫他们抓住咬碎不可。"

"不能认输。"数 8 坚定地说，"我把腰弯成 45° 角，你用脚钩住我的脚，用头钩住我的头。"

"好！"数 7 答应了一声，两个数立刻组合成老鼠夹的模样。两只小沟鼠不认识这是什么，刚要动手摸一摸，老沟鼠在后面大喊："动不得！那是专门打我们用的老鼠夹，快跑吧！"

沟鼠都吓跑了，数 7 和数 8 兴奋地又蹦又跳。他俩决定继续往前走，走啊，走啊，又走到一个下水井的下面。数 7 望着高高的下水井又发愁了，他说："下水井这么深，咱俩怎么上去啊？"

"看我的。"数 8 用力把数 7 托起，顶在头上。让数 7 用头扣住砖缝，然后数 8 抓住数 7 的身体，像爬竿一样爬了上去。数 8 用脚钩住砖缝又把数 7 举到头顶……就这样你上一段我上一段，慢慢往上爬，终于爬出了下水道。外面正下着大雨，雨水把他俩身上的污水和倦意一起冲刷掉了。

数 7 深情地说："离开了数字弟兄们这么长时间，我真想他们。"

数 8 点点头说："数字弟兄们也一定在惦记着咱俩呢！"

"走！不管遇到什么困难，一定要找到咱们的数字弟兄。"数 7 拉起数 8 的手，昂首挺胸坚定地向前奔去。

6. 神秘数

在群山环绕之中，有一座数的城市。城市里的居民是全体实数。有理数住在城东，无理数住在城西，他们和睦相处，生活得很好。

一天深夜，数居民都睡着了。突然，一个黑影闪到了城下，他探头看看城门没有关，就"嗖"地钻进了城。月光下，只看见这个黑影拖着一条微微上翘的尾巴。

第二天一早，城市里突然乱了起来，数 5 嚷嚷说他的一袋粮食被人偷了；$\sqrt{2}$ 说他养的老母鸡不见了；$-\frac{1}{3}$ 说他藏的两瓶酒不翼而飞了……

怎么回事？这座城市从来没有丢失过东西，怎么在一夜之间出了这么多怪事？

全体数居民推选头脑发达、办事公平的数零来负责调查这件事。

零晃了晃他的大脑袋，咳嗽了一声说："咱们这座城市的数居民，向来是诚实、守法的，不会干这种偷鸡摸狗的事。"

李毓佩
数学科普文集

数 5 问:"我的粮食哪儿去了?"

$\sqrt{2}$ 问:"我的老母鸡哪儿去了?"

$-\frac{1}{3}$ 问:"我的两瓶好酒哪儿去了?"

零说:"咱们这座城市一定是混进了坏数!这件事好办,只要把我们全体数居民清点一下,就可以把混进来的坏数抓出来。"

大家答应一声,就分为有理数和无理数两大类进行清点。

突然,有理数那边吵起架来了。零正要去看看,只见两个一模一样的 5 互相揪着衣领,你说我是假 5,我说你是假 5,推推搡搡地走了过来。两个 5 要求零判断谁是真的,谁是假的。

爱看热闹的数居民都跑了过来,围了个里三层外三层,大家大眼瞪小眼地看着,可是谁也分辨不出哪个是真 5,哪个是假 5。

零略微想了一下说:"数居民们,咱们这里只有一个 5,现在出现了两个,其中必定有一个是假的。这个假 5,就是偷东西的那个坏数变的,谁有办法把这个坏数抓出来?!"

-5 走进圈里说:"我对 5 最熟悉了,因为我和 5 是互为相反的数。我和 5 拉手做个加法就能变成 0,5+(-5)=0。谁能和我相加得 0,谁就是真 5。"说完,-5 和两个 5 分别拉手做加法,结果都变成了 0。-5 的试验失败了。

$\frac{1}{5}$ 挤了进来说:"我来试试。我和 5 互为倒数,我和 5 拥抱做个乘法就得 1,$5 \times \frac{1}{5} = 1$。"说着,$\frac{1}{5}$ 与两个 5 分别拥抱做了乘法,结果都得 1。$\frac{1}{5}$ 也失败了。

"我来试试!"0.1 一边嚷嚷,一边往里挤,"我把 5 顶在头顶上做个除法,就可以把 5 扩大 10 倍,变成 50,$\frac{5}{0.1} = 50$。"说完就把两个 5 分别顶了起来,结果还都得 50。

0.1 眨巴眨巴眼说:"虽然说用我去除他们,都得 50,可是我发现

奇妙的数王国　李毓佩 数学科普文集

他俩重量不同，一个轻点儿，一个重点儿，"0.1向四周看了一眼，"谁能告诉我，数5有多重，我就可以指出哪个是假5！"

话音刚落，−5跳了进来说："我知道，数5的体重是……"没等−5把话说完，只见两个5中的一个围着−5转了一个圈儿，大家定睛一看，啊！5就剩下一个了，可是出现了两个长得一模一样的−5。两个−5互相揪着对方的衣领说对方是假−5。

零沉思了片刻说："看来这个坏数，是一个本领高强、变化莫测的神秘数。他可以随意变化成任何的数，使我们分辨不出来。"

无理数π走了进来，他不服气地说："我就不信！神秘数能变成我吗？"π刚说完，只见一个−5围着π转了一个圈儿，立刻出现了两个一模一样的π。

大家都看呆了，停了一会儿，数居民七嘴八舌地议论开了：

"真神呀！他想变成哪个数就可以变成哪个数。"

"一会儿变成5，一会儿变成−5，他究竟是正数呢，还是负数？"

大家正议论纷纷，$\sqrt{5}$跑来报告："大家注意了，北京的中学生小毅来了。"

零赶紧走过去和小毅握了握手。零问："你今天怎么有时间来玩？"

小毅说："我是找a来了。今天早上我翻开代数书，发现里面的a没了。我到处找，看看是不是跑到你们这儿来了？"

零说："我倒没见着，不过我们这里来了一个变化莫测的神秘数，他把我们都搞糊涂了。"接着零把刚才发生的事情说了一遍。

小毅听完笑了起来，他说："这个神秘数，就是从我的代数书上跑掉的那个a！"

"a有这么大的本事？"

"所谓代数，就是用a、b、c这样的字母来代替具体的数，每个字母都可以代表任何实数。"

"用文字代表数有什么好处呢?"

"使我们研究的结果更有普遍性。比如说'两个数相加'这句话,如果用 5+4 来表示就不合适。因为它只表示了'5 加 4',不能表示 3+7 或 $(-\frac{1}{3})+\frac{1}{2}$,更不能表示任意两个数相加。但是,用 $a+b$ 却可以表示任意两个数相加。这就是研究代数的好处。"

数 5 问:"a 的负号藏在哪里?"

"藏在背心上。"小毅对 a 说,"快变成 a 的样子,让大家认识一下。"a 立刻现了原形。

零很有兴趣地说:"长得有点儿像我,不过他后面拖了一条向上翘起的尾巴。"

a 敞开上衣,背心上印有一个"－"号。

0.1 问:"既然你背心上印有负号,你一定是一个负数喽!"

a 掀起背心,发现里面还有一条背心,上面同样印有一个"－"号。

a 说:"负负得正,我穿有无数个印有负号的背心,我既可以表示正数,又可以表示负数,还可以表示 0。"

"啊!真绝呀!""妙极了!"数居民发出一阵阵的赞叹声。

小毅说:"我刚刚学代数时,对 a 也认识不足。总错误地把 a 看成正数,把 $-a$ 看成负数,不了解 a 本身藏有许许多多个负号。

学了一段,才逐渐掌握了代数的特点,知道 a 不一定代表正数,$-a$ 不一定代表负数,a 不一定大于 $-a$。好了,我要带着 a 回去了。"

数 5 急忙拦住说:"慢!他还偷了我们的东西呢!"

a 说:"我不会要你们的东西,只不过想和你们开个小玩笑。"

说罢翘起尾巴,从尾巴下拿出了一袋粮食、一只"咯咯"叫的老母鸡和两瓶酒。

7. 有理数和无理数之战

　　小毅的小脑袋瓜里，整天琢磨着数学问题。一天晚上，他正在一道又一道地演算数学题，忽然听得屋后"噼噼啪啪"响起枪声。

　　"深更半夜，哪来的枪声？"小毅爬上屋后的小山一看，哎呀！山那边成了战场，两军对垒打得正凶。一方的军旗上写着"有理数"，另一方的军旗上写着"无理数"。

　　小毅记得老师讲过：整数和分数合在一起，构成了有理数；无理数是无限不循环小数。

　　"奇怪，有理数和无理数怎么打起仗来了？"

　　小毅攀着小树和藤条，想下山看个究竟。突然，从草丛中跳出两个侦察兵，不容分说就把他抓起来。小毅一看，这两个侦察兵胸前都佩着胸牌：一个上面写着"2"，另一个上面写着"$\frac{1}{3}$"。

　　噢，他们都是有理数。"你们为什么抓我？"小毅喊着。

"你是无理数，是个奸细！"侦察兵气势汹汹地说。

"我不是无理数，我是人！"小毅急忙解释。

侦察兵不听他的申辩，非要带小毅去见他们的司令不可。小毅问："你们的司令是谁？"

"大名鼎鼎的整数1！"侦察兵骄傲地回答。

"那么多有理数，为什么偏偏让1当司令呢？"小毅不明白。

侦察兵3回答说："在我们有理数当中，1是最基本、最有能力的了。只要有了1，别的有理数都可以由1造出来。比如2吧，$2=1+1$；我是$\frac{1}{3}$，$\frac{1}{3}=\frac{1}{1+1+1}$；再比如0，$0=1-1$。"

小毅被带进1司令所在的一间大屋子里。这里有许多被捉的俘虏，屋子的一头，摆着一架X光机模样的奇怪的机器。

"押上一个！"1司令下命令。

两个士兵押着一个被俘的人走上机器。只见荧光屏"啪"的一闪，显示出"20502"。

"整数，我们的人。"1司令说完，又叫押上另一个。荧光屏显示为"$\frac{355}{133}$"。

"分数，也是有理数，是你们的人！"小毅憋不住地插嘴。1司令满意地点点头。又押上一个，荧光屏上显示出"$0.35278=\frac{35278}{100000}$"。

"有限小数，有理数，是你们的人！"小毅继续说。接着押上的一个在荧光屏上显示出"$0.787878\cdots=\frac{78}{99}$"。

"也是你们的人。"小毅兴奋地说，"循环小数，可以化成分数的。"

这时，又有一个俘虏被两个士兵硬拉上机器，荧光屏"啪"的一闪，出现"$1.4144\cdots=\sqrt{2}$"。不等小毅开口，1司令厉声喝道："奸细，拉下去！"这个无理数立刻被拖走了。接着荧光屏显示出一个数"$0.1010010001\cdots$"。

"这是……循环小数吧?"小毅还没说完,那个数猛地从机器上跳开想逃跑,却被士兵重新抓住。

"这是个无限不循环小数,是个无理数!"1 司令说道。小毅因为识别错了,脸都红了。这时,两个士兵请小毅站到机器上,荧光屏立刻出现一个大字"人"。

"实在对不起!"1 司令抱歉地说,"到客厅坐坐吧!"

小毅问 1 司令为什么要和无理数打仗。1 司令叹了口气说:"其实,这是迫不得已的。前几天,无理数送来一份照会,说他们的名字不好听,要求改名字。"

"要改成什么名字?"

"要把有理数改成'比数',把无理数改成'非比数'。"1 司令说,"我想,千百年来人们都这么叫,已经习惯了,何必改呢?就没有答应。谁知他们蛮不讲理,就动起武来了。"

小毅试探地问:"我来为你们调停调停好吗?他们无理数的司令是谁呢?"

"是 π。"1 司令答道,"我们也愿意协商解决这个问题。"

小毅来到无理数的军营。他问 π 司令,为什么非要改名不可?

π 司令说:"我们和有理数同样是数,为什么他们叫有理数,而我们叫无理数呢?我们究竟哪点儿无理?"说着,π 司令激动起来。

小毅问:"那当初,为什么给你们起这个名字呢?"

"那是历史的误会。"π 司令说,"人类最先认识的是有理数。后来发现我们无理数时,对我们还不理解,觉得我们这些数的存在好像没有道理似的,因此取了'无理数'这么个难听的名字。可是现在,人们已经充分认识我们了,应该给我们摘掉'无理'这顶帽子才对!"

"那你们为什么要叫'非比数'呢?"

"你知道有理数和无理数最根本的区别吗?"π 司令解释说,"凡有理数，都可以化成两个整数之比；而无理数，无论如何也不能化成两个整数之比。"

小毅觉得π司令说得有道理，就点了点头，又试探着问："那么，能不能想办法和平解决呢？"

π司令见他诚心诚意，就说："有一个好办法，但需要你帮忙。"

"我一定尽力！"小毅答道。

π司令高兴得一把拉住小毅的手："你回家后，给数学学会写一封信，把我们的要求转达给国际数学组织，请他们发个通知，把有理数和无理数改为比数和非比数。只要人类承认了，有理数也不能不答应。"

小毅答应回去试一试。他一面往家走，一面在心里嘀咕：要是数学家们不同意可怎么办呢？

一个月过去了，小毅也没回信，π司令等不及了，又发兵攻打有理数。

1司令得到情报不敢怠慢，赶忙领兵相迎。两军摆好了阵势，1司令登高一看，唉呀！无理数可真多呀！只见无理数阵中一个方队接着一个方队，枪炮如林，军旗似海，一眼望不到头。

1司令心中暗想：无理数人多，我们人少，要是硬打硬拼，怕不是对手。我必须这样……这样做……

1司令给π司令下了一道战书，书中提出要和π司令较量刀法，在两军阵前来个单打独斗。π司令满口答应。

三声炮响，两军阵中战鼓咚咚，军号齐鸣，1司令和π司令各自走出阵来。π司令紧握一口宝剑，寒光闪闪，锋利无比；1司令手持一口厚背大砍刀，力大刀沉。两位司令行罢军礼，也不搭话，π司令举剑便刺，1司令挥刀相迎，两人就杀在一起了。双方的官兵，摇旗呐喊，擂鼓助威。

两位司令厮杀了足有半个多钟头不分胜负。π司令越杀越勇，利剑像雪片一样上下飞舞，1司令渐渐不支了。突然，π司令大喊一声："看剑!"利剑搂头盖顶地劈了下来,1司令竟也不躲闪,只听得"咔嚓"一声,被 π 司令从当中劈成两半。无理数官兵欢声四起,喊声雷动,为 π 司令力劈 1 司令叫好。

π 司令正洋洋得意,忽听一声"看刀",话音刚落,π 司令的左右腿各挨了一刀。他低头一看,大惊失色:地上被劈成两半的 1 司令不见了。只见两个个头只有 1 司令一半高的矮小军官,各举一把小砍刀向他杀来。

π 司令用剑架住两把刀,厉声问道:"你是何人? 敢来暗算本司令!"

两个矮小军官齐声回答:"我俩都是 $\frac{1}{2}$,看我们刀的厉害!"

π 司令一边招架,一边问:"我和 1 司令比试武艺,你们两个来干什么?"

两个 $\frac{1}{2}$ 齐声回答:"1 司令分开就是我们俩,我们俩合起来就是 1 司令。你少啰唆,看刀!"两个 $\frac{1}{2}$ 一左一右举刀砍来。π 司令不敢怠慢,挥剑和两个 $\frac{1}{2}$ 打在了一起。

打了有半个多钟头,π 司令大喊一声:"看剑!"只见"刷刷"两剑,又把 $\frac{1}{2}$ 各劈成两半。π 司令急忙低头察看,只见每半个 $\frac{1}{2}$ 在地上打了一个滚儿,站起来变成个头更矮的 $\frac{1}{4}$ 了。四个 $\frac{1}{4}$ 把 π 司令团团围在当中。

又打了有半个多钟头,π 司令又大喊一声:"看剑!"利剑在空中画了个圆圈,把四个 $\frac{1}{4}$ 都拦腰斩成两段。结果又出现了八个 $\frac{1}{8}$ 把 π 司令围住。

π 司令连累带急,脑袋上的汗都下来了。八把小刀从八个方向砍杀过来。π 司令顾东顾不了西,顾南顾不了北,身上已挨了好几刀。

π 司令想:我不能再砍他们了。我再砍一次,他们就会变出十六个 $\frac{1}{16}$,我更招架不住了。π 司令不敢恋战,杀出一条血路, 撒腿就往无理数的阵地跑。

八个 $\frac{1}{8}$ 也不追，他们手拉手往中间一靠，"呼"的一声，又变成 1 司令了。1 司令望着 π 司令逃走的背影，哈哈大笑。有理数阵中欢呼跳跃，不断呼喊 1 司令的名字："1 司令！1 司令！"

无理数军中连日高挂"免战牌"。π 司令伤势稍好，就连忙召集将校军官开会，商量对策。

π 司令说："1 司令的刀法虽说不很高超，但这分身之法可十分了不得。一劈变俩，再劈变四个，越劈越多，杀不尽，砍不绝呀！如何对付是好，愿听各位高见！"

$\sqrt{2}$ 参谋长发言："π 司令上次交战，每次都把对方一劈两半。不料 1 司令擅长分身术，越分越多。但是不管怎么分，加在一起总还等于 1。我们何不发挥自己的优势呢？"

π 司令忙问："什么优势？"

$\sqrt{2}$ 参谋长说："我们无理数是无限不循环小数，我们就使用'无限'这一绝招儿！"

π 司令又问："怎样用法？"

$\sqrt{2}$ 参谋长说："上次我在阵前观看，发现 1 司令的身长是有规律的：头占全身长度的 $\frac{1}{10}$，而头皮又占全头的 $\frac{1}{10}$。π 司令，您下次再战时，想办法把 1 司令的脑袋砍下来，紧接着把头皮砍下来，接着再砍下头皮的 $\frac{1}{10}$，这样越砍越小无限地砍下去。由于剩下来的部分凑不成 1，因此也就变不成 1 司令了。军中无帅，一打便败。我们乘势追杀，可一举得胜。"π 司令听罢大喜，立刻传令出战。

1 司令和 π 司令行过军礼，也不搭话，各举刀、剑杀在一起。杀了足有一个钟头。π 司令大喊一声："看剑！"宝剑直奔 1 司令的脖子砍去，1 司令躲闪不及，"咕咚"一声，脑袋被砍掉在地上。π 司令不敢怠慢，一剑砍下头皮，又砍下头皮的 $\frac{1}{10}$，这样手不停地一直砍下去，每次都

砍下 $\frac{1}{10}$。

$\sqrt{2}$ 参谋长看到计划获得成功，正要下令发起冲锋。就在此时，只见 1 司令剩下的部分自动地合在一起，"刷"地一变，又变成了 1 司令，笑呵呵地站在那里。

π 司令大惊，问 1 司令："我这儿还不停地砍着你呢，你怎么又活了？"

1 司令冷笑了一声说："你只想到无理数会使用'无限'这一绝招儿。你忘了我们有理数中也有无限循环小数啦。"

1 司令说："你砍下我的头，剩下 $\frac{9}{10}$，也就是 0.9；砍下我的头皮，又剩下 0.09；再砍去 $\frac{1}{10}$，剩下 0.009。你可以无限地砍下去，但是剩下的部分合在一起是：

$$0.9+0.09+0.009+\cdots$$
$$=0.999+\cdots$$
$$=1$$

所以我又活了。"

π 司令听罢 1 司令的话，自知不是 1 司令的对手，急忙下令退兵。无理数后队变前队，撤回自己的疆土。

8. 小数点大闹整数王国

山那边有一个整数王国。整数王国中有国王、总理和司令。国王是胖胖的数 0，总理是矮个子 −1，司令是瘦高个 1。

今天是元旦，又是零国王的一千八百八十一岁寿辰。零国王是哪天诞生的呢？他是公元元年 1 月 1 日 0 时 0 分 0 秒出生的。既是双喜临门，王国中文武百官都来王宫祝贺。

王宫内外张灯结彩，只见零国王高居宝座之上，宫门外整齐地排列着两行祝贺队伍。一行是以总理 −1 为首的文官队伍，跟在 −1 后面的是 −2，−3，−4…他们的个子一个比一个矮；另一行是以司令 1 为首的武官队伍，1 后面是 2，3，4…他们的个子一个比一个高。两行祝贺队伍很长很长，一眼望不到头。

三声炮响，庆典开始了。忽然从零国王的宝座下面，钻出个黑乎乎、圆溜溜的小家伙。1 司令拔出宝剑，紧走几步，上前大喝一声："谁如

此大胆敢来扰乱庆典?"小家伙慢条斯理地回答:"怎么,你连我都不认识?我就是大名鼎鼎的小数点。"

1司令问:"你来干什么?"

小数点说:"我是来参加庆典的,请你把我也安排到祝贺队伍中去吧,我想看看热闹。"

1司令把小数点想参加庆典一事,回禀零国王。

零国王轻蔑地看了小数点一眼说:"把你也安排到队伍中去?那怎么能成!我们整数王国一向以组织严密、排列整齐、秩序井然而闻名于世。你看宫外这长长的祝贺队伍,文官从-1总理开始,每后一位文官都比前一位小1;武官从1司令开始,每后一位武官都比前一位大1。这里连一个空位置也没有,把你往哪儿放呢?"

小数点又哀求说:"好国王!你看我个头这么小,随便给我加个塞儿吧。"

零国王摇摇头说:"不成啊!你还是赶紧离开这儿,别耽误我们的庆典。"

听完零国王这番话,小数点脸色陡变,厉声说道:"怎么?好言好语和你商量你不答应,那可就别怪我小数点不客气了。我要叫你们的秩序来个大变样,让你们知道知道我的厉害。"

零国王听罢勃然大怒,向宫外喝道:"谁来把小数点给我拿下。"话音刚落,数5从外面跳了进来,伸手来捉小数点。只见小数点不慌不忙地往5的前面一靠,"嗖"的一声,数5一下子缩小为原来的$\frac{1}{10}$,变成0.5了。

零国王又向外面大喊:"快来一个大数,给我把他捉住。"从外面"噔噔噔"走进一个大高个儿,个头儿比山还高一截儿,他是数6600000——六百六十万。

6600000大吼一声:"小数点,你往哪里走!"上前就捉小数点。小数点面对这个庞然大物，毫不畏惧，小眼睛一转就来了一个新招儿。

只见他跳上王位揪起零国王往数 6600000 前面推去，自己就站在国王的后面。"呼"的一声响，高大的 6600000 立刻变得比凳子还矮，成了 0.66 了。

零国王一见大惊失色，高喊："谁能抓住小数点，我封他为王侯！"只见从外面不慌不忙走进一个长得像不倒翁的数，原来是数 8。

数 8 深深地向零国王鞠了一躬说："国王陛下，依臣看捉拿小数点不能力擒只能智取。"零国王点点头说："那你就试试吧。"小数点在一旁听了嘿嘿直乐，心想：好，好，我倒要看看你怎样智取我。

数 8 对小数点抱拳拱手说："小数点，刚才我目睹你的本领，的确身手不凡。但是你只会把一个数变小，把 5 变成了 0.5，把 6600000 变成了 0.66。不知阁下还有什么本领？"

小数点听罢微微一笑说："你说我只会把一个数变小，你叫进一个负数来。"只见 −39 应声蹦了进来。小数点"哧溜"就钻到 3 和 9 这两个数之间，−39 的身子立刻向上长了一大截儿，变为 −3.9。小数点说："我把 −39 变成了 −3.9，根据负数的绝对值越小数值越大的道理，我不是把一个数变大了吗？我不但能把正整数变小，还能把负整数变大。"

数 8 又说："一个人只有两样本领，还不能算本领高强。你还有什么本事？"

小数点晃了晃脑袋说："我还有一样看家本领没拿出来呢，你来看！"小数点说罢一跺脚，一个小数点立刻变成两个。正巧数 4 进宫向零国王禀报公事，小数点喊了声："来得好！"其中一个小数点站到了数 4 的前面，另一个小数点飞身跳到了数 4 的头顶上，只见数 4 已变成 0.4̇。这时一种奇怪的现象发生了，数 4 像是着了魔一样，一个变两个，两个变四个，整整齐齐地排成队，0.4̇ 变成了 0.444…一直排到王宫外面向无穷远伸展开去。

李毓佩
数学科普文集

不一会儿，小数点离开 0.4̇，数 4 又恢复了原样。

数 8 向零国王说："国王陛下，从小数点刚才施展的招数，臣已看出在我王国中只有一位高手不怕小数点的法术，可以捉拿小数点。"

零国王向前探着身子忙问："这位高手是谁？"

数 8 回答："就是国王陛下您。"

零国王惊奇地问："我？我为什么不怕小数点的法术？"

数 8 说："小数点站到正整数前面，会把正整数变小；小数点站到负整数里，会把负整数变大。但是，唯独站在您这个既非正整数又非负整数的零前面，不会发生变化。因为 0.0 仍然等于零呀！"

零国王一指自己的脑袋说："小数点如果跳到我头顶上怎么办？"

数 8 说："那也无妨，因为 0.0̇＝0.000…结果仍然等于零，您还是您自己，毫无损伤。小数点只对于您是不起作用的。如果您能亲手捉他，准能成功。"

小数点在一旁听到零国王能降伏自己，十分害怕，没等数 8 把话说完，"哧溜"就从王座底下跑了。

9. 长鼻子大仙

大象缩鼻子

一大早，虎大王就把小猕猴找了去。

虎大王说："近来大森林里的案子不断，我任命你小猕猴为森林大法官，办理各种案子！"

小猕猴向虎大王行了一个举手礼，说："是！"

小猕猴刚离开虎大王，一只鼻子奇短的大象拦住了他。

大象对小猕猴说："猴法官，还我鼻子！"

小猕猴惊奇地问："我什么时候欠你鼻子啦？"

小猕猴仔细观察大象的鼻子，好奇地问："你的鼻子怎么变成猪鼻子啦？"

大象一脸委屈地说："都是一个蒙面大仙搞的！"

"你仔细说说。"猴法官让他慢慢说。

奇妙的数王国　李毓佩
数学科普文集

大象说："有一天，我遇到一位法力无边的大仙。他问我，你知道现在最时髦的大象，长得什么样吗？我说不知道。"

大仙告诉大象："当前最时髦的是短鼻子大象！鼻子一短，就显得有精神！"

大象点点头说："有道理！可是谁会把鼻子弄短呢？"

大仙一指自己说："只有我会！只要你给我弄一只鸡来，我就能把你的鼻子弄短。"

"行！"大象跑出去，很快弄来一只鸡，交给了大仙。大仙给了大象一颗药丸，让大象吃了。

大仙又给大象一面小锣和一个锣槌。大仙说："你敲一下小锣，喊一声'缩！'鼻子就缩为原来的一半。"

大象又问："如果我再敲一下小锣，再喊一声'缩'呢？"

大仙说："你的鼻子会缩成原来的一半的一半。"

"真好玩！我来试试。"大象拿起小锣，"当！当！当……"

一连敲了好多下，一边敲锣一边喊："缩！缩！缩……"只见大象的鼻子快速地缩短。

大象再一摸鼻子，坏了，鼻子没了！

总共敲了几下

大象一摸自己的鼻子缩没了，可着急了。

大象对大仙说："我原来只想把鼻子变短些，谁知道我敲多了，鼻子给缩没了。大仙帮忙，再让我的鼻子长出点儿吧！"

大仙摇晃着脑袋说："我也不知道你敲了多少下，不好办哪！"

大象一个劲儿地哀求："大仙救命！"

大仙想了想说："除非你给我弄20只活的大肥母鸡，否则没办法！"

"我到哪里弄 20 只活母鸡去?"大象无奈地离开了大仙,直到他遇到了猴法官。

大象就把经过一五一十地告诉了猴法官。

猴法官安慰他说:"你不要着急,你告诉我,你原来的鼻子有多长?"

大象说:"2 米。"

猴法官掏出尺子,把大象现在的鼻子量一下,说:"现在只剩下 0.125 米了。"

大象吃惊地叫道:"啊,就剩这么短了?"

猴法官说:"你敲一下锣,鼻子就缩为 1 米,敲两下就缩为 0.5 米,敲 3 下缩为 0.25 米,敲 4 下就缩为 0.125 米了。"

大象明白了:"这么说,我刚才是敲了 4 下锣!好,我去找大仙去。"

过了一会儿,大象就耷拉着脑袋回来了。他对猴法官说:"我告诉大仙,一共敲了 4 下锣,可是他还是不把我的鼻子复原。"

猴法官找到大仙,问:"你可以把鼻子弄短吗?"

大仙点头回答:"小仙会此法术。这里有药丸和小锣,猴法官不妨一试。"

猴法官又问:"如果我吃了药丸,别人敲小锣,鼻子也可以一样缩短吗?"大仙点了点头。

"来人!"猴法官一声令下,"把这个害人的大仙给我拿下!"

"是!"从旁边跳出两只黑熊,把大仙抓住。

猴法官把药丸交给黑熊,说:"把这个药丸给他吃下!"

长鼻子大仙

大仙听说要给他吃药丸,急得乱跳:"我不吃!我不吃!"但是挣扎没用,黑熊强行把药丸给大仙喂了下去。

猴法官拿起小锣，"当！"敲了一下，喊了声："缩！"

大仙一摸鼻子，说："我的鼻子剩一半啦！"

"当！当！当……"猴法官连喊："缩！缩！缩……"眼看大仙的鼻子缩没了，大仙一屁股坐在了地上。

猴法官问："你有没有能使鼻子变长的药？"

大仙摆摆头："我没有这种药。"

猴法官摆摆手，对黑熊说："放他走！"

大仙站起来，双手捂着鼻子，边走边叫："哎哟，我可怜的鼻子哟！"

猴法官远远跟着大仙。大仙走到无人处，从口袋里拿出一小口袋药。

大仙仰天大笑："哈哈，小猴子让我骗啦！"

大仙自言自语地说："我有缩鼻子药，当然就有长鼻子药喽！"

大仙又拿出一个小鼓："不过，长鼻子不能敲锣，要敲鼓！"

说完他吃下了一粒药丸。他拿起鼓刚想敲，却又愣住了。

大仙嘟哝着："我忘了数小猴子敲几下锣啦！我想……至少也要敲6下吧！"

大仙开始敲鼓"咚！咚！咚"嘴里喊着："长！长！长……"

眼看着大仙的鼻子"噌！噌！"往外长，一下子长到有2米长。

大仙说："坏了，我敲多了！"

猴法官"噌"地从树上跳下来，说："你全给我吧！"一把将大仙手中的药袋和小鼓抢走。

猴法官找到大象，让他吃了药，然后举起小鼓"咚！咚！咚！咚！"敲了4下，嘴里连着喊道："长！长！长！长！"

大象高兴地说："哈，我的鼻子恢复原样啦！"

大仙拖着长鼻子，说："我的长鼻子可怎么办？"

强买蛋糕

小鹿开了一家做蛋糕的食品店，鹿爸爸在忙着做蛋糕。

鹿爸爸用鼻子闻了闻，说："这一炉蛋糕又烤熟了！"大家忙着出炉。

突然，大灰狼闯了进来，大叫："这新出炉的蛋糕可真香啊！"

鹿爸爸问："你买多少？"

大灰狼说："要买，就多买些。这刚出炉的蛋糕，我要一半。"

鹿爸爸把蛋糕包装好，递给大灰狼："请付钱！"

大灰狼拿起蛋糕说："先给我记上账！我再多吃你一块蛋糕！哈哈……"说着从剩下的蛋糕中又拿起一块，放到了嘴里。

小鹿悄悄问爸爸："给大灰狼记上账，他什么时候能还呢？"

"唉！"鹿爸爸叹了一口气，说："没办法！"

大灰狼前脚刚走，金钱豹后脚就跟了进来。

金钱豹一指剩下的蛋糕说："这么好吃的蛋糕，我也要一半。"

"我给你装好。"鹿爸爸把蛋糕装好，递给金钱豹说："请付钱。"

"记账！记账！"金钱豹顺手从剩下的蛋糕中又拿走两块，"我买这么多，再送我两块！嘻嘻……"

金钱豹出去后，鹿爸爸对小鹿说："赶快关门！这是抢劫呀！"

小鹿刚想关门，"当"的一声，野猪推门闯了进来。

野猪嚷道："嘿，大白天关什么门呀？我还要买蛋糕呢！"

鹿爸爸指着剩下的一点儿蛋糕说："我们这儿的蛋糕快没了。"

野猪蛮横地说："见面分一半，我要一半！"

"好，我给你装。"鹿爸爸无奈地摇了摇头。

抢走多少块

野猪拿起一小袋蛋糕，说："就这么一点儿蛋糕？这哪够我吃的？这样吧，我把这 3 块蛋糕也拿走了！"

"啊，你全拿走啦？"小鹿非常着急。

野猪一指剩下的蛋糕，说："这不是还给你剩下两块嘛！你们爷俩正好一人一块。"

鹿爸爸拉住野猪不让走："我还有孙子呢！"

"那就让你孙子吃，你看着！"说完野猪一把将鹿爸爸推倒在地上。

鹿爸爸看到蛋糕被抢，坐在地上哭泣，猴法官走了进来。鹿爸爸向猴法官哭诉了被抢的经过。

猴法官问："他们一共抢了你多少块蛋糕？"

鹿爸爸摇摇头说："不知道。"

猴法官说："必须弄清楚，他们一共抢走多少块？每人抢走多少块？否则无法让他们认罪！"

"这……"鹿爸爸和小鹿没了主意。

猴法官想了一下说："这个问题可以用倒推法来算：最后剩下两块，加上野猪强行拿走的 3 块，一共是 5 块。这 5 块恰好等于野猪口袋里的蛋糕数。"

鹿爸爸点头说："对，对。我把剩下蛋糕的一半给了野猪。可是最后他又抢走了 3 块！"

"因此，野猪实际拿走了 $5+3=8$（块）。"猴法官说，"野猪没来之前，你们有 10 块蛋糕。"

小鹿说："实际上应该有 12 块，只是金钱豹拿走一半之后，又抢走两块。金钱豹拿走了 $12+2=14$（块）。"

鹿爸爸说："金钱豹没来之前，我们应该有 $12×2=24$（块）。大灰狼拿走了 25＋1＝26（块）。"

猴法官说："好了。你们一共做了 26＋14＋8＋2＝50（块）蛋糕。有了这些具体的数字就好办了。"

猴法官拉着小鹿的手，说："走，咱们找他们算账去！"

大灰狼赖账

猴法官和小鹿找到了大灰狼。

猴法官说："大灰狼，几天不见长胖了！"

大灰狼笑了笑说："吃蛋糕就是长肉。"

猴法官走近一步，说："吃了人家的蛋糕，应该给人家钱哪！"

"嗯……"大灰狼眼珠一转说："我忘了拿多少块蛋糕了，无法付钱。"

小鹿在一旁说："我爸爸说，你拿走了 26 块蛋糕。"

"胡说！"大灰狼冲小鹿吼道，"绝没有那么多！你爸爸想讹诈我！"

猴法官拍了拍大灰狼的肩膀问："你说拿走了多少块？"

"嗯……"大灰狼想了一下说，"我拿走的蛋糕数，好像和小鹿的年龄一样多。"

"我来告诉你！"大家回头一看，是鹿爸爸走了进来。

鹿爸爸说："我家祖孙三代的年龄之和正好是 100 岁。我过的年数正好等于我孙子过的月数；我儿子过的星期数正好等于我孙子过的天数。大灰狼，你说我儿子有多大年龄？"

"怎么这么热闹？"大灰狼摸着自己的后脑勺说，"我想……你儿子也就七八岁吧！"

鹿爸爸一指大灰狼的鼻子说："你纯粹胡说！"

大灰狼蛮不讲理地说："胡说也好，不胡说也好，反正我不会算，我也不给钱！"

"你不会算，我会算。"猴法官说，"由于一年有 12 个月，所以鹿爸爸的年龄是孙子的 12 倍；又由于一个星期有 7 天，所以儿子的年龄是孙子的 7 倍。"

大灰狼点点头，说："对，对。"

猴法官又说："如果设孙子的年龄为 1 的话，儿子的年龄就是 7，爸爸的年龄就是 12，这时可求出孙子的实际年龄为：$100 \div (1 + 7 + 12)$ $= 100 \div 20 = 5$（岁）。而儿子的年龄就是：$5 \times 7 = 35$（岁）。"

大灰狼一听，吃惊地说："啊，变多了！由 26 块变成 35 块啦！我吃了大亏。"

又是这个大仙

猴法官笑笑对大灰狼说："原来说你拿了 26 块蛋糕，你嫌多。这次算出来是 35 块，你付钱吧！"

大灰狼哭丧着脸说："别说是 35 块，就是 3 块，我也没钱给呀！"

猴法官生气地问："既然你没有钱，为什么去买蛋糕？"

大灰狼低着头说："有人告诉我，没钱一样可以吃蛋糕。可以去抢，可以去骗！"

"谁告诉你的？"猴法官进一步逼问。

"是……是……是长鼻子大仙。"大灰狼不情愿地说了出来。

猴法官生气地说："怎么又是这个大仙？我去找他。你待在家里等候我的处理！"说完就走了出去。

长鼻子大仙正和金钱豹、野猪一起吃蛋糕。

金钱豹高兴地说："这不花钱的蛋糕真好吃！"

野猪竖起大拇指说："还是大仙主意高！"

突然，野猪看见猴法官来了。野猪说："猴法官来了！"

"快跑!"金钱豹第一个逃跑,野猪跟在后面。长鼻子大仙刚想跑,长鼻子已经被猴法官拉住了。

大仙摇摇头说:"这长鼻子真碍事!"

长鼻子大仙承认,骗吃小鹿家蛋糕的主意是他出的。

猴法官说:"你是这件事的罪魁祸首,你要受到严惩!我先去处罚大灰狼!"

大灰狼没敢出门。猴法官说:"大灰狼,我罚你每天拉车接送小动物们上学!"

"是!"大灰狼接着问,"具体怎样接送法?"

猴法官说:"每天早上,你拉着车从小松鼠家出发,依次到 5 个固定地点去接小动物。"

大灰狼问:"每个地点有多少小动物上车?"

猴法官回答:"这说不准。反正每站都有上车的,第一站上了一批小动物之后,以后每站上车的小动物数是前一站上车数的一半。"

大灰狼无可奈何地说:"还好,越上越少。小动物们虽然重量轻,但上多了也受不了。"

大灰狼拉车

大早,大灰狼拉着一辆大平板车,来到了第一站。

一群小松鼠看见车来了,高兴得又蹦又跳:"哈哈,有车坐,真不错!"

大灰狼没好气地说:"快上车!"小松鼠飞快地跳上了车。

大灰狼拉起车,轻松地向前跑。心想:一大群松鼠也没多重,拉车的活儿不赖!第二站上了一群兔子,大灰狼看见这些小兔子,馋得直流口水。心想:来两个吃吃,该多香!

小兔子坐在车上直拍手:"坐车真好玩!"

第三站上来几只羊，大灰狼拉起车就开始冒汗了。大灰狼一边擦汗，一边自言自语地说："也不知这第四站会上什么动物？"

大灰狼看到第四站有两头牛，不禁大叫一声"啊！是牛！"

两头小牛上车后，重量一下子重了许多。大灰狼吃力地拉着车，一步一步向前走。

大灰狼喘着粗气，说："实在太重了！我把吃奶的劲儿都使出来了。"

突然，大灰狼把车子放下，对车上的小动物们说："你们必须给我算出来，我这一车最少要拉多少小动物？算不出来，我就不拉了！"

小白兔说："拉得挺好的，别不拉了。我来给你算！"

小白兔站在车上，说："你要知道最少拉多少小动物，这好办。由于每站都有上车的，后一站上车的是前一站的一半，显然是第五站上车的最少，上车的为一个小动物。"

大灰狼耷拉着脸说："一个不上才好呢！"

小白兔接着说："第四站上车的是第五站的两倍，应该是两个。"

"对！"大灰狼说，"是两头小牛。"

"第三站、第二站、第一站依次上来 4 个、8 个、16 个，加起来是：$1+2+4+8+16=31$（个）。"小白兔真的给算出来了。

听说是 31 个小动物，大灰狼又来了精神。他说："30 个小家伙我都拉了，还差你最后一个？怕什么？走，去第五站！"

远远就看见一只小象在前面等候。

大灰狼大叫一声："我的妈呀！这最后一个竟然是象！"

小象问："我能上车吗？"

大灰狼直着眼睛说："上来吧！完不成任务，猴法官不答应！"

大灰狼用尽最后一点儿力气，把小动物们拉到了学校门口。他"咕咚"一声，倒在了地上。

小动物们跳下车高兴极了。他们对大灰狼说："以后凡是上学的日子，你都送我们上学！"

"啊？"大灰狼睁开半只眼睛，有气无力地说，"你们给我买辆大汽车还差不多。"

野猪看管樱桃

野猪主动找到猴法官，要求惩罚自己。

猴法官说："你骗吃的蛋糕数量较少，又主动认罪。本法官从轻处理，只处罚你去看管樱桃林。"

"唉，我说猴法官，为什么要看管樱桃林呢？"野猪不明白。

猴法官说："贼乌鸦常去偷吃樱桃，不看着会让他们都偷吃光的。"

野猪来到樱桃林，果然看到有好多只乌鸦在上空盘旋。

野猪冲着乌鸦大声叫道："有我老猪在此，看哪只乌鸦敢来偷吃！"

一只乌鸦落在枝头，问野猪："你吃过樱桃吗？"

野猪反问："樱桃好吃吗？"

乌鸦咽了一口口水说："那滋味就别提啦！没吃过樱桃简直是白活一辈子！"

"是吗？"野猪有点想吃樱桃了。他问："咱们怎么吃法？"

乌鸦说："我们每只乌鸦只吃 3 颗樱桃，而你吃的是我们乌鸦数量之和。"

野猪一听，自己能吃到那么多樱桃，立刻就答应下来："这样做可太好啦！但是，我不知道你们有几只乌鸦呀？"

乌鸦回答："我们一共有 36 只乌鸦。"

野猪吃樱桃

野猪说："我开始吃樱桃啦！我吃 36 颗。"

野猪看着树上的樱桃，自言自语地说："这树上的樱桃，是红色的好吃呢，还是青的好吃，我先摘几颗红色的尝尝。"

"慢着！"乌鸦拦阻说，"你这 36 颗樱桃要分 3 次来吃。我们吃 1 颗，你就吃 1 次。"

吃不着樱桃，野猪着急了。他忙问："我分 3 次吃，每次吃多少颗呀？"

乌鸦说："我们 36 只乌鸦分别停留在 3 棵树上。你第一次吃的樱桃数，要和停留在第一棵树上的乌鸦数相同。"

野猪点点头。

乌鸦又说："你第二次和第三次吃的樱桃数，要和停留在第二棵和第三棵树上的乌鸦数相同。"

野猪摇摇脑袋说："真复杂。好啦，我来数数每棵树上停着几只乌鸦。1，2，3…"刚数到 3，乌鸦忽然全部飞了起来，"呱、呱"地在樱桃林里乱飞。

"嘿、嘿……"野猪急得直叫，"你们这样乱飞，我怎么数呀？"

乌鸦飞了一阵，又停了下来。乌鸦说："我们没有乱飞呀！首先有 6 只乌鸦从第一棵树上飞到了第二棵树上，然后又有 4 只乌鸦从第二棵树上飞到了第三棵树上，结果 3 棵树上的乌鸦数相等。"

野猪想了一下，说："你们是让我算出没飞之前，3 棵树上各有多少只乌鸦吧？"

乌鸦夸奖说："真是头聪明的野猪！"

野猪问："我算出来有什么便宜可占？算不出来又吃什么亏？"

乌鸦说："算出来你先吃樱桃，算不出来我们先吃樱桃。"

李毓佩
数学科普文集

"可是……"野猪摸摸后脑勺说，"我野猪的数学不行，算不出来呀！"

既然你不会算，只好我们乌鸦给你算啦！"乌鸦说，"应该从后往前想：我们刚才飞过之后，3 棵树上的乌鸦数都相等了，每棵树上都是 $36 \div 3 = 12$（只）。"

野猪点点头说："这点我懂！"

罪加一等

乌鸦接着往下算："可是第三棵树上，原来并没有 12 只乌鸦，是因为从第二棵树上飞过来 4 只之后，才有 12 只的。你说说第三棵树上原来有多少只乌鸦？"

野猪趴在地上，做了个减法 $12 - 4 = 8$（只）。野猪回答说："我算出来啦！第三棵树上原有 8 只乌鸦。"

乌鸦说："第二棵树上原有 $12 - 6 + 4 = 10$（只）；第一棵树上原有 $12 + 6 = 18$（只）。"

野猪问："我第一次可以吃 18 颗樱桃？"

"你先等等吃，你没算出来，我先吃啦！"乌鸦对同伙说，"伙伴们，咱们先吃！"

36 只乌鸦专挑熟透了的又红又大的樱桃吃。乌鸦吃过之后，野猪摘下几颗又青又小的樱桃，放到嘴里嚼了起来。

野猪咧着嘴，说："这樱桃又苦又涩，难吃死了！呸，樱桃一点儿也不好吃！"

猴法官把野猪和金钱豹同时找去。

猴法官对野猪说："我让你去看守樱桃林，你却监守自盗，应该罪加一等！"

野猪低着头说："我认罪！其实，樱桃又苦又涩，一点儿也不好吃。"

猴法官把眼睛一瞪："熟了的樱桃都叫乌鸦吃了，你吃生的当然不好吃！"

猴法官又说："最近大森林里连续发生偷吃鸡和兔子的案件。我宣布：限你们俩3日内把偷吃鸡和兔的贼捉拿归案，将功抵过！"

野猪和金钱豹一起回答："是！"

离开了猴法官，野猪一把揪住了金钱豹，问："说实话，鸡和兔子是不是你偷着吃了？"

金钱豹把脖子一挺，说："我堂堂金钱豹，怎么会干这种偷鸡摸狗的事呢！"

"那会是谁呢？"野猪摇着头说，"狐狸是又爱吃兔子，又爱吃鸡，他的可能性很大。可是，狐狸最近失踪了，谁也没见过他呀！"

"狐狸失踪得奇怪！"金钱豹说，"没有别的办法，只能咱俩每人半个夜晚，值班巡逻，抓住这个偷鸡贼！"

捉拿偷鸡贼

野猪说："要先知道森林里有多少只鸡，多少只兔子。"

金钱豹问："谁知道这些数目？"

"老山羊。"野猪说完和金钱豹去找老山羊。

老山羊说："鸡和兔子住在大森林的东西两头。先说东头，如果把15只兔子换成15只鸡，那么兔子和鸡的数目相等；如果把10只鸡换成兔子，那么兔子就是鸡的3倍。"

野猪问："那西头呢？"

老山羊回答："西头的兔子数等于东头的鸡数，西头的鸡数等于东头的兔子数。"

"西头倒是简单。"野猪摇摇头说，"不过，简单我也算不出来！"

野猪回头问："我说豹老兄，你会算吗？"

金钱豹把双手一摊，说："你野猪老弟都不会，我就更不会了。走，找猴法官去！"

"这么简单的问题，也来找我算？"猴法官斜眼看着野猪和金钱豹问，"我先问你俩，说东头把 15 只兔子换成 15 只鸡之后，鸡和兔子的数目相等了，这说明兔子比鸡多多少只？"

金钱豹回答："兔子肯定比鸡多 30 只，不然的话，怎么换掉 15 只还能相等呢？"

猴法官说："对！假设东头的鸡有 x 只，那么兔子就有 $(x+30)$ 只。再根据'如果把 10 只鸡换成兔子，那么兔子就是鸡的 3 倍'，就有 $(x+30)+10=3(x-10)$，那么 $x=35$。"

金钱豹说："说明东头有 35 只鸡，65 只兔子。"

野猪赶紧抢着说："西头有 35 只兔子，65 只鸡。嘻嘻，我没算，捡个现成的便宜！"

夜晚，天黑得像锅底，野猪正在巡逻。突然，一个黑影从树后闪了出来。"谁？"野猪大喊一声，"偷鸡贼快出来！"

"砰！"黑影扔过来一包东西。野猪往后一躲："什么东西？"

馋猪傻豹

野猪拾起这包东西一闻，立刻高兴地叫道："啊，是好东西！是我最爱吃的酒糟。"

野猪打开包，一通猛吃。边吃边说："嗯，好吃！真香！"一包酒糟，一会儿就吃完了。

野猪"吧嗒吧嗒"嘴，说："真困呀！"接着一头倒在地上"呼——呼——"睡着了。

"嘻嘻!"黑影在暗处笑着说,"傻野猪,你还想捉我?"黑影跳进鸡窝,叼起一只鸡就跑。

被叼的鸡拼命叫道:"救命啊!咯——咯——"

鸡的叫声惊醒了金钱豹,他坐起来揉了揉眼睛:"都后半夜了,该我去巡逻了。"

金钱豹四处找野猪,就是找不着。"野猪跑到哪儿去了?"金钱豹又一想,"我去查查鸡和兔子丢了没有?先去东头。"

金钱豹隔着窗户数兔子:"1,2,3,…,65。嗯,兔子是 65 只,一只不少!我再去数数鸡。"

金钱豹又数鸡:"1,2,3,…,34。嗯?应该是 35 只啊,怎么少了 1 只?不好,出事啦!"金钱豹想去给猴法官汇报,刚一迈腿,被睡觉的野猪绊了一个大跟头。

"哪来的一截大树墩子?"金钱豹低头一看,惊呼,"原来是野猪!"

金钱豹用力拍打野猪:"快醒醒!出事啦!"

"出事啦?"野猪强睁开眼睛问,"是不是酒糟丢了?"

金钱豹着急地说:"什么酒糟丢了!是鸡丢了!"

"啊!怎么又丢鸡了?"野猪一摸脑袋,"嘿!谁在我脑袋上贴了一张纸条。"拿下纸条一看,只见上面写着:

馋猪和傻豹:

今天我叼走一只鸡,明天我将咬死一只兔。我明天晚上 A 点 A 分 A 秒准时来抓兔子。

注意:六位数 2AAAA2 能被 9 整除。

去找长鼻子大仙

看完纸条，金钱豹"嗷"的一声跳了起来："他吃了熊心豹子胆啦！敢叫我傻豹！"

野猪安慰说："豹老兄先别生气，他明天还来抓兔子，咱俩把明天他来抓兔子的时间赶紧算出来。"

金钱豹说："咱俩谁也不会算啊！只好再求猴法官了。"

"去不得！"野猪说，"刚刚又丢了一只鸡，找猴法官不是自找倒霉吗？"

野猪拍着自己的后脑勺，边走边想。突然，野猪兴奋地说："咱俩去找长鼻子大仙吧！他一定会算。"

"好！"金钱豹和野猪一溜小跑去找长鼻子大仙。

长鼻子大仙看了一眼纸条，说："这个容易算，A 应该是 9。"

野猪高兴地说："偷鸡贼今晚上 9 点钟来！"

金钱豹狠狠地跺了一脚，说："今晚一定抓住他！"

野猪和金钱豹一个去森林东头，一个去森林西头，埋伏好专等捉贼了。

9 点钟都过了，偷鸡贼还是没露面。野猪实在憋不住了，探头钻了出来。"砰！"的一声，野猪的脑袋上着实地挨了一下。

"谁？"野猪回头一看，"呀！是猴法官。"

猴法官问："你躲在这儿干什么？"

野猪说："我在这儿等着 9 点 9 分 9 秒抓贼！这是贼留下来的纸条。"

猴法官接过纸条一算："不是 9 点啊，A 等于 8 才对。贼 8 点 8 分 8 秒来，你 9 点在这儿等他，你连贼影儿也看不见了。"

野猪怀疑地问："你不会算错吗？"

猴法官说："一个数能够被 9 整除，它的各位数字之和必然是 9 的倍数，反过来也对。因此，2＋A＋A＋A＋2应该是9的倍数，也就是说4＋4A是9的倍数。由于4＋4A＝4(1＋A)，而4不可能是9的倍数，所以1＋A必然是9的倍数。又由于A是一位数，所以1＋A＝9，A＝8。"

野猪两眼一瞪："啊，受骗啦！"

真假大仙

猴法官对野猪说："你快去数数兔子丢了没有吧！"

"我这就去！"野猪撒腿就跑。

一会儿的工夫，野猪又急匆匆地跑了回来。他叫道："完了！西头应该有35只兔子，现在只剩下34只了。"

猴法官点点头说："好狡猾的贼！你终于露出了马脚！"随后又趴在野猪耳朵边小声说："这次我要亲自抓住他！你这样……这样……"

野猪点头答应："好，好！"

野猪跑来找长鼻子大仙，一见面就说："抓住了！抓住了！"

长鼻子大仙问："抓住什么啦？"

野猪说："昨天晚上，我们按着你计算的时间——9点9分9秒，准时抓住了那个偷鸡贼！猴法官让你去参加审判。"

"让我去？"长鼻子大仙吃了一惊。

长鼻子大仙眼珠一转，说："我不能去，由于上次骗吃蛋糕，猴法官罚我20天不许出家门。"

野猪早有准备，他说："猴法官说了，这次特准你去法庭一次。"

没办法，长鼻子大仙只好跟野猪走一趟了。

到了法庭，只见金钱豹看守着一个人，这个人用白布蒙着。

长鼻子大仙问："偷鸡贼在哪里？"

金钱豹说："我一掀开白布，你就看清楚了！"说完"刷"的一声掀开了白布，白布下面是一个和长鼻子大仙打扮得一模一样的长鼻子大仙。

"啊?"长鼻子大仙叫道:"这肯定是假冒的!"

那位假大仙却说:"我看是真假难辨!"

野猪问:"两位大仙，假大仙就是偷鸡贼，你们说怎么办吧?"

长鼻子大仙激动地说:"我们俩比试一下智力，真大仙智力超群!我们俩各出一道题，看谁能答对。"

大仙现形

长鼻子大仙抢先说:"我先出一道题考你:我准备抓 252 只活鸡分3 份养起来，留着我慢慢地吃。这 3 份的鸡数分别能被 3、4、5 整除，而所得的商都相同。你说说，这 3 份鸡各有多少只?"

长鼻子大仙指着假大仙说:"这道题，难死你!"

假大仙"嘿嘿"一笑说:"看来你是一个抓鸡的能手啊! 你这道题不难。假设把 252 只鸡分为 a、b、c 3 份，d 作为它们共同的商。这时就有 $a=3 \times d$，$b=4 \times d$，$c=5 \times d$。由于 $252=a+b+c=3 \times d+4 \times d+5 \times d=(3+4+5) \times d$，所以 $d=252 \div(3+4+5)=21$。"

假大仙停了一下，又说:"算出 $d=21$ 就好办了。$a=3 \times 21=63$（只），$b=4 \times 21=84$（只），$c=5 \times 21=105$（只）。"

长鼻子大仙点点头说:"算你蒙对了。"

"该我考你啦!"假大仙说，"有一位法官想把 28 名罪犯分押在 8 间牢房。要求每间牢房里都有罪犯，而且每间牢房里的罪犯数都不同。你给分一下吧!"

长鼻子开始分。"嗯……这么分，不对! 那样分……也不对! 怎么分不出来呀?"长鼻子大仙头上的汗都出来了。

"三十六计，走为上计！我跑吧！"长鼻子大仙撒腿就跑，没想到大象堵在门口，把长鼻子大仙撞了一个屁股蹲儿。

长鼻子大仙惊叫："哎哟！怎么门口有堵墙？"

大象在门口说："有我在这儿，你别想逃！"

假大仙去掉伪装，露出真相，原来是猴法官。猴法官走上前，一把撕掉长鼻子大仙的伪装，说："让大家看看你是谁？"

大家异口同声地说："啊，是狐狸！"

猴法官宣布："狐狸假装大仙，坑蒙拐骗什么坏事都干，依照法律应把他扔下山谷！"

狐狸一伸手，说："慢！我有个要求。"

狐狸魂儿

猴法官问："你有什么要求？"

狐狸说："在我临死前，希望你把答案告诉我，我好死个明白。"

"好。"猴法官说，"答案是，这件事根本就做不到！"

狐狸吃惊地问："为什么？"

猴法官说："按 8 间牢房关押最少的罪犯数，应该是 1，2，3，…，8，而 $1+2+3+…+8=36$，但是现在只有 28 人，还差 8 人，所以根本就做不到。"

"哼，做不到还让人家分！成心让人家死！"狐狸愤愤不平地说，"我不服！"

猴法官下令："执行命令！"上来两名熊警察，拉起狐狸就往外走。

狐狸边走边回头喊："我死得冤枉，我还会回来找你们算账的！"

到了山谷边，两名熊警察喊："一、二、三，下去吧！"把狐狸扔下了山谷。

"啊，我完了！"狐狸顺着山谷飘飘悠悠往下落。也是狐狸不该死，他落到了半山腰的一棵树上。

狐狸摸了一把头上的冷汗，说："感谢大树救了我！我和猴法官没完！先做点药，把我的长鼻子变短。"

夜晚，野猪正在屋里睡觉，忽听外面有人敲门——砰！砰！砰！

"深更半夜，谁来敲门？"野猪打开门一看，啊？是狐狸站在门口。

野猪吃惊地问："狐狸？你不是被扔下山谷，摔死了吗？"

狐狸回答："狐狸是摔死了，可是我不是狐狸，我是狐狸魂儿！我要找你们算账！"

"不好啦！狐狸魂儿找咱们算账来了！"野猪吓得一路狂奔。

金钱豹听到有人喊，出来察看，和野猪撞了一个满怀。

野猪对金钱豹说："快跑吧！狐狸魂儿追来了。"

金钱豹说："啊？还有狐狸魂儿？"他和野猪一起跑着去找猴法官。

勇斗狐狸魂儿

野猪和金钱豹找到了猴法官。野猪气喘吁吁地说："不好啦！狐狸死了，狐狸魂儿来了！"

猴法官摇摇头说："世界上哪儿来的狐狸魂儿？我去看看！"

这时狐狸正在追赶一群兔子，他边追边喊："我要咬死一批兔子和鸡！让你们知道知道我狐狸魂儿的厉害！"

"站住！"猴法官挡住了狐狸的去处。

猴法官指着狐狸说："有我猴法官在，不许你残害兔子和鸡！"

狐狸把脖子一挺说："我是狐狸魂儿，你管得了狐狸，却管不了狐狸的魂儿！"

猴法官问："你狐狸魂儿和狐狸有什么不一样？"

狐狸回答："狐狸魂儿是狐狸的精灵，无所不能！"

"我要和你这个狐狸魂儿斗一斗！"猴法官吹响了警笛。

听到猴法官吹响警笛，跑来熊警察、猴警察、鹿警察、象警察等一大群。众警察向猴法官敬了个礼，问："猴法官有什么任务？"

猴法官一指狐狸说："我命令你们捕捉这个狐狸魂儿！"

众警察答应："是！"

"慢！"狐狸一摆手说："你们人多，我并不害怕！能告诉我一共来了多少警察吗？"

猴法官说："可以。不过需要你自己去算。这些警察中有一半是熊，$\frac{1}{4}$ 是猴，鹿占 0.15，象只有 3 头。"

狐狸"嘿嘿"一笑说："这么简单的问题，你难不倒我！设全部警察为 1，熊占 0.5，猴占 0.25，鹿占 0.15，剩下多少呢？有 $1-0.5-0.25-0.15=0.1$，这 0.1 是象所占的比例，因此，警察总数为 30 人。"

警察刚想上来抓，狐狸一转身"噗！"放了一个臭屁，趁警察捂鼻子的机会，逃跑了。

声东击西

猴法官见狐狸跑了，着急地对大家说："大家不要怕臭！快抓住这个狐狸魂儿！"众警察立即去追狐狸。

狐狸躲在一棵大树的后面，看见几名警察跑了过去，一名猴警察落到了后面。

"小猴子，看你往哪里走！"狐狸从树后蹿了出来，用藤条一下子勒住了猴警察的脖子。

猴警察挣扎着："啊，勒死我了！"

狐狸一把抢过挂在猴警察脖子上的警笛问："这警笛有什么用？"

猴警察说："吹响警笛可以把其他警察招来。"

狐狸用力一勒藤条，问："怎么个招法？"

猴警察说："吹一次，可以把20%的警察招来；再吹一次，可以把剩下的警察中的50%招来；吹第三次，可以把剩下的警察的50%招来。"

狐狸一摇头，说："又让我算！"

狐狸说："刚才猴法官吹了一次，来了30名警察。这30名警察应占警察总数的20%，因此警察总数为30÷20%＝30×5＝150（名）。"

猴警察点点头说："差不多。"

狐狸又说："150名中，第一次招来30名，剩下150－30＝120（名）；第二次招来剩下的50%，是120×50%＝60（名），还剩下120－60＝60（名）；第三次招来剩下的50%，是60×50%＝30（名）。总共可以招来30＋60＋30＝120（名）警察。"

狐狸用力勒住猴警察的脖子，说："你给我吹3次警笛！不然，我勒死你！"

猴警察坚决不吹，狐狸恼羞成怒，一拳将猴警察打晕。狐狸拿起警笛："你不吹，我吹！""嘟——嘟——嘟——"吹了三声警笛。

警察听到警笛声，分批跑到吹警笛的地点。大家互相问："看到狐狸魂儿了吗？"大家又都摇头说没看见。

猴法官跑来一看，大叫一声："不好，我们上当啦！咱们都跑到了东边，他可能到西边去作案了！"

追捕狐狸魂儿

猴法官严肃地说："我怕狐狸魂儿使用的是调虎离山计！这里留下一半警察，其余的60名警察跟我去西边，保护鸡和兔子。"说完就带着一队警察往西边跑去。

猴法官带着警察刚刚在西边埋伏好，只见狐狸一边掰着指头算账，一边自言自语朝这边走来。

狐狸说："西边原来有 35 只兔子，65 只鸡。让我吃了 1 只兔子，还剩下 34 只兔子。这次我要咬死 10 只兔子，20 只鸡！让猴法官哭去吧！哈哈！"

猴法官和熊警察埋伏在鸡窝旁边。他们看见狐狸大摇大摆地朝鸡窝走来。狐狸边走边说："今天我要大开杀戒！"

猴法官小声关照熊警察："你千万别出声！"

熊警察刚想点头，突然"阿——嚏！"

狐狸警惕地说："不好，有埋伏！"

狐狸发现有埋伏，撒腿就跑。猴法官一挥手："快追！"埋伏的警察全都跳出来追。

狐狸藏在一棵大树的后面，心想：我要逗逗猴法官。他拿出张纸条，在纸条上写道：

> 我正在一个树洞里练功，树洞的位置：从这儿往正东走 (3*4)*5 米。已知 $a*b=a×b-(a+b)$。
>
> 狐狸魂儿

熊警察发现了纸条，他看到纸条上的字直发愣："我学过 3+4，3-4，3×4，3÷4，可是从来没学过 3*4 是什么运算。"

猴法官说："狐狸魂儿是成心考咱们！他自己规定了一种新运算。这种新运算是 $a*b=a×b-(a+b)$。"

熊警察摇晃着脑袋，说："这种新运算我可不会做。"

"其实也不难。"猴法官说，"按着他的规定：3*4=3×4-(3+4)，先算出 3*4 来。3*4=12-7=5。"

熊警察明白了："就是拿数往里套呀！我会。"

难逃法网

熊警察计算：

$$(3*4)*5=5*5=5\times5-(5+5)=25-10=15。$$

"啊，我算出来啦！树洞离这儿 15 米。"

熊警察往东走了 15 米，果然发现了一个大树洞。

熊警察说："我进去搜！"

"慢！留神狐狸屁！我先向里面喊话。"猴法官说，"我是猴法官——你赶快出来投降，可以宽大处理——如果顽抗到底，只有死路一条！"

突然，从树上落下一个大西瓜，猴法官听有风声，急忙跳开。熊警察躲闪不及，"砰"的一声，正好砸在头上，弄得满头满脸都是西瓜水。

"哈哈！"狐狸从树上跳下来说，"真好玩！挨砸的感觉是又疼！又晕！又红！又甜！我狐狸魂儿走啦！"

只见狐狸身前冒起一股白烟，狐狸不见了。

熊警察愣住了："怪了，狐狸魂儿真的不见了！"

猴法官一挥手："既然狐狸魂儿跑了，我们也撤！"

等猴法官撤走了，狐狸从树洞里探出了脑袋。他笑笑说："都走了。我撒了一包白灰，就把他们骗走了！"

狐狸从树洞里钻了出来，伸了伸懒腰："再聪明的猴法官也斗不过我狡猾的狐狸啊！"

突然，从树上落下一张大网，一下子把狐狸网在了里面。

猴法官从树上跳下来，说："看你往哪儿跑？"

狐狸大叫一声："啊，我上当啦！"

猴法官宣布处理决定："狐狸偷鸡摸兔，装神弄鬼，罪大恶极，屡教不改。现宣布：将狐狸处以死刑！"

狐狸说："这次可完了。"狐狸被吊死在大树上。

10. 熊法官和猴警探

借债不还

猴警探正睡得香，一阵急促的电话铃声把他从睡梦中惊醒。

他抓起电话话筒大声问："是哪个讨厌的家伙？不知道我正睡觉吗？"

电话听筒里传来浑厚的男低音："我是熊法官，现在有件疑案急需你来侦破。"

"我马上就到！"一听说有案子要破，猴警探立刻就来了精神，他跨上摩托车直奔"动物法院"。

在法院里，老山羊正状告黑豹，原来黑豹借了他的 10 根胡萝卜不还。黑豹要老山羊说出是哪天借的，老山羊记不清确切日期。黑豹说："既然报不出日子，那就是没借！"

熊法官小声对猴警探说："你看这怎么办？一个忘了日期，一个说不出日期就不承认。"

猴警探倒背双手走到老山羊面前："你不要着急，慢慢地想，除了日期外，你还能想起点儿别的什么？"

老山羊低头想了一会儿，突然说："我想起来了，那是今年1月份的事，是1月份的第一个星期四。"

黑豹大声叫道："猴警探，别听他瞎说！"

猴警探不理黑豹，继续问："老山羊，你还想起点儿什么？"

老山羊突然一拍大腿说："当时我看了一眼挂历，我把1月份所有星期四的日期相加，结果恰好是80。"

"很好！"猴警探转身对黑豹说，"如果我算出的日期，和日历上查得的日期一样，你承认不承认借过胡萝卜？"

黑豹一瞪眼睛说："承认！"

猴警探边写边分析："设这一天是1月 x 日，x 日既然是1月份第一个星期四，x 必然小于或等于7。"

熊法官点头说："分析得有理！"

"第一个星期四是 x 日，第二个星期四必然是 $(x+7)$ 日，第三个星期四必然是 $(x+14)$ 日。"猴警探越说越快，"第四个星期四是 $(x+21)$ 日，如果1月份只有4个星期四的话，那么，

$$x+(x+7)+(x+14)+(x+21)=80。$$

x 没有整数解，说明1月份有5个星期四，第五个星期四是 $(x+28)$ 日，把这些日期相加，得：

$$x+(x+7)+(x+14)+(x+21)+(x+28)=80，$$
$$5x+70=80，$$
$$5x=10，$$
$$x=2。"$$

老山羊站起来说："对，是1月2日。"

熊法官拿出日历一查，1月2日正好是星期四。黑豹像泄了气的皮

球一样，一屁股坐在了地上。

野猫做寿

猴警探刚想离开动物法院，黄牛一把揪住了他。黄牛说："猴警探，我们家出大事啦！"

"什么大事？"

黄牛鼻孔喷着白气说："今天是我母亲的生日，昨天我为她做了个生日蛋糕，今天早上一看，蛋糕没啦！这下我怎么给母亲过生日呀！"

猴警探拍拍黄牛的后背安慰说："你先不要着急，咱们和熊法官一起研究一下。"

熊法官问："你做的蛋糕是什么形状的？有多大？"

"生日蛋糕是按这张图纸做的。"黄牛打开一张纸，纸上画有个三角形（图1）。

图1

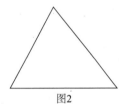
图2

猴警探看了看说："这个三角形既不是等边三角形，也不是等腰三角形。"

熊法官问："你做生日蛋糕，有谁知道？"

黄牛想了一会儿，说："只有小鹿和野猫来过我家，看见我做的蛋糕。"

"野猫？"猴警探眼珠一转，转身走了出去。

野猫的房子修筑在树上。猴警探爬上树，刚想敲门，就见门上贴着一张大红纸，上面写着个"寿"字，屋里正放着"祝你生日快乐"的歌曲。

门"吱"一声打开了。野猫满面春风地说："哟，是猴警探呀！稀客，今天我过生日，你怎么也来祝寿，不敢当。"

猴警探一眼就看见屋子中间放着的三角形蛋糕（图2）与黄牛的蛋糕形状差不多，两个三角形底边一样长。只不过图1的左边与图2的右边一样长，图1的右边与图2的左边一样长。

猴警探说："黄牛有一块三角形蛋糕，昨天夜里被人偷走了。"

"是吗？"野猫解释说，"黄牛做的蛋糕昨天我看见了，我学他的样子也做了一个。为了有区别，我这块蛋糕上小尖角的方向恰好与他的相反。"

猴警探低下头认真看着蛋糕。野猫又忙说："你也许以为只要把他的蛋糕翻过来放，方向就相同了。但是由于蛋糕一面有奶油，一面没有奶油，所以是不能翻过来放的。"

猴警探仔细一看，野猫已把蛋糕分成四个等腰三角形，他恍然大悟说："你野猫很聪明，你把黄牛的蛋糕分成四个等腰三角形，利用等腰三角形的对称性，你重新拼出一个蛋糕！"

野猫低下头说："我认罪，我太馋啦！"

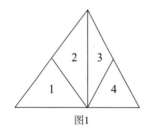
图1

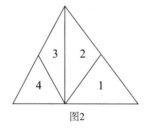
图2

李毓佩
数学科普文集

哄抢苹果

长颈鹿告状

熊法官收到长颈鹿的状纸，状告9个动物哄抢他的苹果，状纸上写道：

> 9名强盗，不知来自何方，把我采的苹果几乎一扫而光。长尾猴飞快地抢走$\frac{1}{12}$；野猪抢得更多，7个苹果中他就拿走1个；$\frac{1}{8}$被野猫抢走；比野猫多1倍的苹果落入灰熊之手；松鼠最客气，只拿走了$\frac{1}{20}$；可是鼹鼠却不客气，他拿走的是松鼠的4倍；还有3个强盗，个个都不空手：3个苹果归乌鸦，12个苹果归野兔，30个苹果归野山羊，可怜我长颈鹿，最后只剩下5个苹果。

熊法官看完状纸，直吸凉气："状纸写得不错，还带点儿诗意。只是9名强盗，是不是太多了点儿！另外，长颈鹿原来有多少个苹果也不知道呀！"

"不知道可以算呀！"猴警探推门走了进来，他接过状纸仔细看了两遍。

熊法官问："你说这个案子应该从哪儿下手？"

猴警探说："必须先算出长颈鹿原来有多少个苹果，这样才能知道长尾猴、野猪、野猫、灰熊、松鼠、鼹鼠等各抢走多少个苹果。"

"说得对。"熊法官皱着眉头说，"9个强盗，怕不好算吧！"

猴警探说："一个一个地算嘛！设长颈鹿原有苹果为1，这样，长尾猴、野猪、野猫、灰熊、松鼠、鼹鼠共抢走了

$$\frac{1}{12}+\frac{1}{7}+\frac{1}{8}+\frac{1}{4}+\frac{1}{20}+\frac{1}{5}$$

$$= \frac{70+120+105+210+42+168}{840}$$

$$= \frac{715}{840}$$

$$= \frac{143}{168}。"$$

熊法官接着算："剩下部分是 $1 - \frac{143}{168} = \frac{25}{168}$，而剩下的苹果数是 $3 + 12 + 30 + 5 = 50$（个）。长颈鹿原来的苹果数为

$$50 \div \frac{25}{168} = 2 \times 168 = 336 （个）。"$$

猴警探掏出笔和笔记本记下来——

长尾猴抢走：$336 \times \frac{1}{12} = 28$（个）；

野猪抢走：$336 \times \frac{1}{7} = 48$（个）；

野猫抢走：$336 \times \frac{1}{8} = 42$（个）；

灰熊抢走：$42 \times 2 = 84$（个）；

松鼠抢走：$336 \times \frac{1}{20} = 16\frac{4}{5}$（个）；

鼹鼠抢走：$67\frac{1}{5}$（个）。

熊法官发怒了，他向这 9 个哄抢苹果的强盗发出传票，要他们 3 天之内带着抢走的苹果来法院投案自首。

3 天期限已到，只有松鼠、鼹鼠、乌鸦、野兔、野山羊把抢走的苹果送了回来。

熊法官问鼹鼠："你怎么抢走 $67\frac{1}{5}$ 个苹果？这 $\frac{1}{5}$ 是怎么回事？"

鼹鼠小声说："我用口袋装了 67 个苹果，心里总觉得不够多，又拿起 1 个苹果咬了一大口。"

猴警探说："还有 4 名强盗不投案，我只好一个一个去抓了。先抓长尾猴！"

猴子跳桩

猴警探直奔大森林深处去找长尾猴。老远就听到长尾猴在喊："跳！跳！"走近一看，是长尾猴在训练他的 6 个孩子跳桩。

地上有 7 个树桩，6 个小长尾猴站在靠右边的 6 个树桩上，最左边的树桩空着，每只小长尾猴身上都标着号码，从左到右分别是 6，5，4，3，2，1。

猴警探问："长尾猴，是你抢了长颈鹿的苹果吗？"

长尾猴头也不回地答道："对，是我抢了他的苹果。"

猴警探又问："熊法官给你的传票，收到了吗？"

"收到了。只是我正训练小猴跳桩，没时间去。等我训练完了，我立刻就去。不过，什么时候能练完可就难说了。您瞧，已经练了两天，还是练不好！"长尾猴直皱眉头。

猴警探走近一些，问："你想怎样练法？"

长尾猴说："我要求每只小猴跳桩时，只能这样跳：或者跳到相邻的空树桩上，或者越过 1 只猴子跳到空树桩上。通过若干次跳跃，6 个树桩上小猴的号码正好颠倒过来，变成 1，2，3，4，5，6。"

猴警探摇摇头说："亏你想得出这么个主意！不过，就这么乱跳，把这 6 只小猴累趴下也达不到目的。"

长尾猴"噌"的一下跳到猴警探身边，急切地问："你有什么好主意？如果你能帮我训练成功，我立刻带着抢来的苹果去见熊法官！"

"一言为定！"猴警探说，"既然是号码颠倒，那么号码小的猴子要尽量越过 1 只号码大的猴子往左跳，而号码大的猴子也要尽量越过号码小的猴子向右跳。"

长尾猴点点头说："说得有理。可是如果有一次做不到这两条，怎么办？"

猴警探说："如果做不到，可由 1 只猴子跳到相邻的空树桩上，为下一次跳跃作准备。"

在猴警探的亲自指挥下，5 号猴子越过 6 号猴子跳到空树桩上，3 号猴子越过 4 号猴子跳到空树桩上，接下去依次跳的是 1 号，2 号，4 号，6 号，5 号，3 号，1 号，2 号，4 号，6 号，5 号，3 号，1 号，2 号，4 号，6 号，5 号，3 号，1 号。一共跳了 21 次，达到了目的。

长尾猴背了一口袋苹果说："走，猴警探，我跟你去见熊法官。"

灰熊请客

猴警探说："我去找灰熊，让他交回抢走的 84 个苹果。"

"慢！"熊法官说，"灰熊一般藏在树洞里，你想把他硬拖出来是困难的，要想点儿办法才行。"

猴警探笑笑说："我会有办法的。"

猴警探很快就找到了灰熊的大树洞，洞门关着。猴警探敲了敲门。

灰熊在里面烦躁地说："真是越乱越添乱，本来我就理不出头绪，这又有人敲门！谁呀？"

"猴子！我来帮你理出头绪。"

"猴警探？嗯，来者不善，善者不来。"灰熊问，"你真能帮我理出头绪？"

猴警探说："放心！理不出头绪，你不要开门。"

灰熊说："我最近弄了点儿肉和苹果，想请我们全家人吃顿饭。在我们全家人中，当祖母的 1 人，当祖父的 1 人，当父亲的 2 人，当母亲的 2 人，孩子 4 人，孙辈孩子 3 人，当哥哥或弟弟的 1 人，当姐妹的 2 人，当儿子的 2 人，当女儿的 2 人，当公公的 1 人，当婆婆的 1 人，当儿媳的 1 人。你帮我算算，我最少请几个人来吃饭？"

"嘻嘻！"连一贯比较严肃的猴警探都笑了。他说，"灰熊，真有你的！这么一笔乱账，真不好弄。"

灰熊问："那怎么办？我这客就不请啦？"

猴警探说："这些人当中，一个人往往身兼数职。比如祖父，他既是他儿子的父亲，又是他儿媳的公公。"

灰熊在里面说："嗯，有门儿！你接着说。"

"孙辈孩子 3 人当中，一定是 1 子、2 女。这样一来姐妹 2 人，哥哥或弟弟 1 人，孩子 4 人中的 3 人，儿子 2 人中的 1 人，女儿 2 人都可以不再考虑了。"

灰熊有点儿着急："你快说出答案吧！我好准备饭。"

猴警探说："叫我说出答案也行，你必须跟我去一个地方。"

"行，行。只要你告诉我答案，跟你去哪儿都行！"灰熊把门开了一道缝。

猴警探说："答案是祖父、祖母、父亲、母亲、孙辈孩子 3 人，其中 1 子、2 女，至少 7 个。"

灰熊打开半扇门说："7 个可不多！"

猴警探招招手说："看来你这客是请不了啦！带着你抢的 84 个苹果，去见熊法官！"

"咳，我忘了这苹果是抢来的啦！好，我跟你走。"灰熊背着苹果袋跟猴警探走了。

△□○公司

野猫最不好对付，他脑子好使，鬼点子特多，加上身体矫健，武艺高强。猴警探为谨慎从事，这次约熊法官一起去找野猫。

到了野猫家，见门口挂着一个木牌，牌子上写着："△□○公司"。

熊法官皱起眉头，问猴警探："这三角形、正方形、圆公司是什么公司？"

猴警探说："管它什么公司！咱们是来找野猫，要回他抢走的苹果，又不是找他做买卖。"说完就敲了几下门。

野猫在里面问："你们找我谈什么生意呀？"

猴警探答："不谈生意，我们要苹果。"

"本公司不经营苹果，你们找错门啦。如果弄不清本公司是干什么的，就别再敲门啦！"看来野猫早有准备。

熊法官摇摇头说："看来，回答不出他公司的业务范围，别想让野猫开门了！"

猴警探拍拍脑袋，突然灵机一动，对着屋里说："我猜出来了，你开的是糖三角、方饼干、圆馅饼公司！"

野猫在屋里发出"哧哧"一阵冷笑，说："亏你猴子想得出来，卖糖三角能赚多少钱？我开的是赚大钱的公司！"

"现在开什么公司赚大钱？"熊法官猛然想起来了，"盖房子，搞房地产可是赚大钱呀！"

猴警探不大明白，他问："搞房地产和三角形、正方形、圆有什么关系？"

"你想啊！"熊法官向猴警探解释说，"看见三角形，你就想起了屋顶；看到正方形，你就想到门窗。"

"看到圆呢？"猴警探接着追问一句。

"圆嘛……嘿，我想起来了。"熊法官显得很兴奋，"看到圆就想起了人的脸面，野猫的公司除了搞建筑，还搞门面装饰。野猫开的是建筑装饰公司！"

奇妙的数王国　李毓佩
数学科普文集

门"吱"的一声打开了。野猫探出头来看了看熊法官和猴警探，说："你们俩是到本公司找活儿干的吧？你，狗熊，身强体壮，可以当搬运工，干点儿力气活儿。你，猴子，身体灵活，可以当架子工，登高爬梯没问题。"

熊法官越听越生气，伸手一把抓住野猫，用力把他拉了出来："你装什么糊涂？快说，你抢的42个苹果藏到哪儿啦？"

野猫把脖子一扭，说："说我抢苹果，拿出证据来！"

熊法官命令："猴警探，搜！"

两个柜子

猴警探闯进野猫的家，见屋里乱七八糟，地上堆着许多啃剩下的骨头，有两个柜子，柜子都上着锁。

猴警探问："这两个柜子里都装的什么？"

野猫两眼向上一翻，爱理不理地说："苹果。"

"苹果？"猴警探追问，"是不是抢来的？"

野猫一屁股坐在摇椅上，不紧不慢地说："如果数目对了，那就是抢的；如果数目不对，那就是我采摘的。"

猴警探指着柜子说："打开锁，我数数有多少个苹果，是不是42个？"

"猴大警探破案还用开柜子数数？我告诉你两个数，你算算吧！"野猫站起来，在地上转了两个圈说，"这两个柜子装的苹果数一样多。如果我从左边柜子里取走11个苹果，同时又在右边柜子里放上9个苹果，这时右边柜子的苹果数恰好是左边的3倍。算错了，可别怪我野猫翻脸不认人！"

为了谨慎起见，猴警探对熊法官说："咱俩每人算一遍，你用算术方法，我用解方程来算。"

熊法官点点头说："好！"

没过几分钟，熊法官把计算过程和答案给猴警探看：

$$(9+11) \div (3-1) = 20 \div 2 = 10 \text{（个）}，$$
$$10+11 = 21 \text{（个）}。$$

猴警探摇了摇头说："不懂！"

熊法官画了个图说："由于原来柜子里的苹果数一样，我用线段 AB 和 CD 来表示，AB 和 CD 长度相等。"

猴警探点头说："懂！"

"从 AB 中取走 11 个苹果，也就是截去线段 EB；再给 CD 加上 9 个苹果，也就是给 CD 加

上一段 DG。这时 CG 是 AE 的 3 倍长，而 FG 是 AE 的 2 倍长，这就是小括号里 3 减 1 的来历。"熊法官讲得很耐心，"这 2 倍长表示 11 加 9，算出 AE 等于 10，也就是给 AE 加上 EB 就是原来的 AB，所以原来有 10 加 11 等于 21。"

猴警探双手用力一拍，说："两个柜子合起来恰好是 42 个！再看我的算法：设每个柜子里原有 x 个苹果，可列出方程：

$$x+9 = 3(x-11)。$$
$$2x = 42$$
$$x = 21。"$$

熊法官一拍手，说："也是 21 个！"

野猫刚想逃跑，熊法官一个扫堂腿把野猫摔了个嘴啃泥。猴警探跳过去，掏出手铐紧紧铐住了野猫的双手。

野猪转圈

熊法官请猴警探吃饭。酒过三巡，熊法官说："哄抢长颈鹿苹果一案中，只剩下野猪没有逮捕归案。他抢走 48 个苹果，数目可不小啊。"

提到野猪，猴警探双眉紧皱，低头一言不发。熊法官忙问："一提

奇妙的数王国　李毓佩 数学科普文集

起野猪，你怎么这种表情？"

"咳，你有所不知呀！"猴警探抬起头说，"野猪是装傻充愣、软硬不吃的家伙。他跑起来又特别快，哪儿脏往哪儿钻。"

"嘿嘿，"熊法官笑着说，"其实野猪一点儿也不傻。我知道你爱干净，没事儿就梳理自己的毛，可是这最后一个案犯，咱们不能因为脏就把他放了！"

猴警探问："你有什么好主意吗？"

熊法官趴在猴警探耳朵上，小声说："……你这样……这样……就成了。"

猴警探面露喜色，匆匆离去。

猴警探在野猪的家门前，画了一个大大的圆，在圆内画了个六角星（见图）。

野猪一出家门就看见了这个图形。他自言自语地说："谁在我们门前画了个大圆？不会是陷阱吧！"

"不是陷阱，是游戏图。"猴警探从树上跳下来说，"我想和你做个游戏。"

"和我做游戏？"野猪眨巴着一对小眼睛，警惕地看着猴警探。

猴警探说："长颈鹿告你抢走了他的 48 个苹果，熊法官让我来抓你，不过……"

野猪问："不过什么？"

"只要你能把这个游戏玩赢了，咱们就一笔勾销，不再追究你的罪行，你看怎么样？"猴警探边说边观察野猪的表情。

"行，行！怎么玩法？"野猪爽快地答应了。

猴警探指着地上的图说："你随便从图上的某一点出发，不重复地把图中所有的线都走到，你就算赢啦！"

野猪点头说："咱们就这样说定啦！你说开始我就跑。"

"预备——开始!"猴警探一声令下,野猪就沿着图上的线跑了起来。他跑了一段,猴警探喊:"不对,那条线你刚刚走过了!"他又跑一段,猴警探又说跑过了。

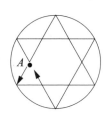

野猪泄气了,吼着说:"这个图根本不可能没有重复地一次走遍,你猴子走出来了,我情愿跟你去见熊法官认罪。"

"说话可要算数。"猴警探从 A 点出发,无重复地一次走了下来。猴警探掏出手铐上前给野猪铐上。

就在这时,喜鹊飞来告诉说:"小兔子家出事啦!"猴警探让喜鹊看住野猪,他一阵风似地来到小兔子家,门口围着许多动物,猴警探抱起躺在地上不能动弹的小兔子,只听小兔子说:"昨天夜里,猫头鹰发出怪叫。"说完就昏了过去。

除暴安良

重要信息

猴警探派山羊把小兔子送往医院,他去找猫头鹰问明情况。

猫头鹰蹲在树上,睁一只眼闭一只眼在休息。猴警探问"你昨天晚上,为什么在小兔子门前咕咕怪叫?"

猫头鹰睁开了闭着的那只眼睛,说:"昨天夜里我看见 3 队田鼠,本想抓 1 只吃吃,没想到带头的田鼠说了一段话,把我搞糊涂了。"

猴警探警惕地问:"他说什么?"

"他说,一队田鼠是二队的 2 倍,三队比二队少 13 只。如果把 3 个队的田鼠合起来,是个质数,不超过 50 只而且两位数字之和是 11。"猫头鹰瞪着大大的眼睛说,"我想算算有多少只田鼠,可是我怎么也算不出来,急得我咕咕叫。"

猴警探失望地摇了摇头说："闹了半天，你是算不出题急得咕咕乱叫，和我破案无关。"

猴警探刚想走，猫头鹰拦住他说："你如果能帮我算出总共有多少只田鼠，我会告诉你一个重要信息。"

"看来我要用解题来换你的信息了。"猴警探拍拍脑门儿说，"设二队有 x 只田鼠，那么一队有 $2x$ 只，三队有（$x-13$）只，3 个队的和为 $2x+x+(x-13)=4x-13$，要求这个数是质数，还要小于 50。"

猫头鹰点点头说："你说得对。"

猴警探接着说："小于 50 的两位数质数，它的数字之和是 11，而 $11=2+9=3+8=4+7=5+6$，其中 38 和 56 是合数，只有 29 和 47 是质数。"

猫头鹰问："究竟是 29 只还是 47 只呢？"

"要列方程算一算。先用 29 列个方程。"猴警探写出：

$$4x-13=29,$$

$$4x=42,$$

$$x=10\frac{1}{2}。$$

猴警探摇摇头说："这个不成！不能出现半只活田鼠！再用 47 试试。"

$$4x-13=47,$$

$$4x=60,$$

$$x=15。$$

"这次对啦！"猴警探高兴地说，"总共有 47 只田鼠，一队有 30 只，二队有 15 只，三队只有 2 只。快告诉我重要信息吧！"

猫头鹰小声说："我看见这群田鼠钻进了小兔子家，过了会儿，就听见小兔子'啊'地大叫了一声。"

狐狸醉酒

猴警探听说田鼠有作案的嫌疑，马上开着摩托车找到了老田鼠。

老田鼠很不好意思地说："小兔子的胡萝卜确实是我们偷的。猴警探你也知道，如果我们田鼠不偷东西吃，可叫我们怎么活呀！"

猴警探瞪圆着眼睛问："偷胡萝卜已经不对，打伤小白兔更是罪上加罪！"

"冤枉！"老田鼠解释说，"小白兔不是我们打伤的，我们只是偷了胡萝卜！"

"不是你们是谁呢？"猴警探皱起眉头。

老田鼠往前走了两步，小声对猴警探说："在小兔子家偷胡萝卜时，我闻到一股特殊的气味。"

"什么气味?

"一股狐狸的臊味！"

"啊！又是他。"猴警探听到"狐狸"二字立刻警觉起来。他用"大哥大"通知熊法官后，立刻开着摩托车去找狐狸。

敲了半天门，狐狸才把门开了一道小缝，嘟哝着说："人家睡得正香，你捣什么乱哪！"

猴警探说："有人举报你，说你昨天夜里去小兔子家了。"

"胡说！"狐狸提高了嗓门说，"昨天晚上，我喝了一坛子好酒，喝醉了，一直睡到现在。"

猴警探拿起酒坛子闻了闻，说："怎么没有酒味啊？"

狐狸说："我前几天在东边捡了一坛子好酒，有 1000 毫升。第一天我喝了一半，没醉，又兑满清水；第二天我又喝了一半没醉，又兑满清水；第三天我又喝了一半，还没醉，又兑满清水；昨天我把一坛子都喝了，醉了！"

"猴警探，算算昨天晚上他喝了多少纯酒！"熊法官开着警车赶来了。

猴警探说："咱们不管他往坛子里倒了多少清水，只考虑坛子里的酒。

第一天他喝了 500 毫升的酒，剩下 $1000 \times \frac{1}{2} = 500$（毫升）。

第二天剩下的酒是 $1000 \times \frac{1}{2} \times \frac{1}{2} = 250$（毫升）。

第三天剩下的酒是 $1000 \times \frac{1}{2} \times \frac{1}{2} \times \frac{1}{2} = 125$（毫升）。

狐狸昨天晚上喝了 125 毫升的酒。"

熊法官猛一拍桌子，问："你第一天喝了 500 毫升的酒都没醉，昨天晚上只喝了 125 毫升，怎么就醉了呢？"

猴警探在一旁助威："快说！"

"这……"狐狸卡壳了。

消灭兔子

猴警探揭穿了狐狸醉酒的谎言，狐狸低下了头，他两个眼珠乱转，心里又打起了鬼主意。

突然，狐狸提高了嗓门儿说："退一步说，就算小兔子是我打伤的，我也是为整个大森林着想啊！"

熊法官惊奇地问："这是为什么？"

"我算过一笔账。"狐狸来精神啦，他往前走了两步说，"1 对小兔子，经过 1 个月就变成大兔子了，他们就可以生小兔子。不用多说，让他们 1 个月只生 1 对小兔子。第二个月末就是 4 只兔子，包括 1 对大兔，1 对小兔。"

熊法官问："你算这些干什么？"

狐狸挺着脖子说："用数字说明问题呀！为了让你熊法官听得懂，我用了 B 代表 1 对未成年小兔，A 代表 1 对成年的大兔，我给你们画一张兔子繁殖表。"说完画了一张表。

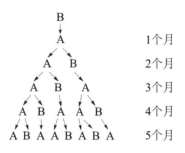

			B					
			↓					
			A				1个月	
		A		B			2个月	
	A		B		A		3个月	
A	B	A	A	B			4个月	
A B A A B A B A							5个月	

狐狸指着表说："第四个月就变成了5对，第五个月就变成了8对，我再接着画。"

"不用画了。"猴警探拦住了他，"通过前面的变化，已经找出了规律：1、1、2、3、5、8，每后一项是相邻前两项之和。第六个月必然是5对加8对共13对兔子，第七个月必然是8对加13对共21对兔子。"

狐狸说："照这样繁殖下去，1年之后就成233对兔子。将来大森林里到处是兔子，别的动物就没地方待了！"

熊法官问："照你的意思呢？"狐狸高举双爪，恶狠狠地说："要吃兔子，要大量吃兔子，要消灭兔子！"

熊法官一指狐狸说："你是既有理论，又有实践，看来小兔子必然是你打伤的。猴警探！"猴警探答应一声："在！"

熊法官下令："将狐狸逮捕！"

"是！"猴警探掏出手铐就去铐狐狸。

"咣当"一声，狐狸把门推上，"哗啦"一声他从里面把门锁上。猴警探推门，门推不开。熊法官急了，抬起腿"咚"的一声把门踢开。猴警探立即跳了进去。

三个口袋

猴警探闯进狐狸的家时，狐狸已经不见了，后窗户开着。

"追！"猴警探"噌"的一声，从后窗户跳了出去。

奇妙的数王国　李毓佩　数学科普文集

熊法官也想从后窗出去，突然又止住了脚步。他看见桌子上放着一个账本。账本上写着：

我连续 6 天每天出去抓一只鸡。抓到的这些鸡的重量分别是 4.5 千克、3 千克、2 千克、2 千克、1.5 千克、1 千克。我又把这些活鸡分别装在三个口袋里，装的时候要使三个口袋差不多重。我把最重的一个口袋放在正南的一棵大枯树的树洞里。另两个口袋，一个放在东边山洞里，一个挂在西边一棵树上。勿忘！

熊法官自言自语地说："我算一算，他最重的口袋有多重？可这怎么算呀？"

"我来算！"猴警探从窗户跳回来了，他没追上狐狸。猴警探想，要使三个口袋重量差不多，应该先求平均重量。他在地上列了一个算式：

$$(4.5+3+2+2+1.5+1)÷3≈4.66（千克）。$$

"这 3 个口袋的平均重量大约是 4.66 千克。"猴警探好像发现了什么。

熊法官问："求平均重量有什么用？"

"当然有用喽！"猴警探说，"用这 6 个数中的某几个不能组成 4.66 千克，只能组成接近 4.66 千克的 5 千克，所以最重的一个口袋有 5 千克。"

熊法官在屋里踱着步子，想了一会儿说："我琢磨着狐狸肯定会去取他偷来的鸡，首先是取最重的口袋！"

"对！咱们往正南去找那棵大枯树。"猴警探转身出了门。

大枯树很好找，树洞很深。猴警探让熊法官在外面守候，他自己立即跳进了树洞。树洞里很黑，伸手不见五指，猴警探摸索着前进。

突然，"扑棱棱"从洞里飞出 1 只老母鸡。猴警探一低头，老母鸡从头上飞了出去。

猴警探心想，这个口袋里会有几只鸡呢？必须凑成 5 千克才行。3 ＋2＝5，可能有 2 只鸡；2＋2＋1＝5，也可能有 3 只鸡。

猴警探继续往里走，"扑棱棱"从里面又飞出一只公鸡。猴警探一闪身，让了过去。等了半天，里面没有动静，猴警探心想，可能就这两只鸡。他直起腰往里闯，没走几步，从里面"扑棱棱"又飞出一只公鸡，与猴警探迎面相撞。"哎呀！"把猴警探撞了个屁股蹲儿。

"哈哈……叫你尝尝飞鸡的厉害！"狐狸在里面十分得意。

三个圆圈

猴警探从地上爬了起来，冲里面大喊："狐狸，你不要再耍花招了，快快出来投降！"

狐狸在里面细声细气地说："有个问题一直困扰着我，如果你们能帮我解决，我就出去。"

熊法官说："你把问题讲出来。"

狐狸说："在这片大树林里共有 200 只狐狸，这 200 只狐狸吃的东西都不一样。兔子、鸡、田鼠三种动物都吃的有 28 只；吃兔子和鸡两种动物的有 22 只；只吃兔子和田鼠的有 32 只；只吃鸡和田鼠的有 2 只；另外，吃兔子的有 100 只，吃鸡的有 65 只，吃田鼠的有 102 只。我想知道这三种动物都不吃的狐狸有多少只？"

熊法官大怒，叫道："狡猾的狐狸，编出这么一道复杂的问题来难我们！猴警探，咱们往里冲！"

"慢！"猴警探拦住了熊法官，说："为了使狐狸心服口服，咱们把他的难题给解出来。"

"好！"狐狸在里面拍手叫好。

猴警探退到树洞外面，在地上画了三个大圆圈，旁边分别写上"吃兔子""吃鸡""吃田鼠"。他说："这三个大圆圈两两相交，一共可分成

奇妙的数王国　李毓佩
数学科普文集

七小块。我把吃不同动物的狐狸数分别填进不同的小块中。"

熊法官问："怎么个填法?"

猴警探说："三种动物都吃的有 28 只狐狸,应该把 28 填进三个圈的公共部分（中间的小块中）。只吃兔子和鸡的狐狸有 22 只,把 22 填进上面两个圈的公共部分。同样办法可以填上 32 和 2。"

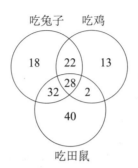

熊法官点头说："应该把吃兔子的 100 只狐狸填进最左边的小块里。"

"不对,不对。"猴警探摇摇头说,吃兔子的 100 只狐狸中包括了三种都吃的 28 只,也包括只吃兔子和鸡的 22 只。"

"嘻嘻……"狐狸在树洞里边笑边说,"傻熊! 照你这样算,我们狐狸要超过 300 只了。"

猴警探说："应该做减法,100－28－22－32＝18,左边小块里要填 18 才对。"

"噢,我明白了。"熊法官在另外两个小块中填上 13 和 40。

猴警探又做了个减法：200－28－22－32－2－18－13－40＝45。

猴警探对洞里喊："算出来了,这三种动物都不吃的狐狸有 45 只。快出来投降吧!"

狐狸答应一声,拼命往外冲,想趁机逃跑。熊法官早有防备,用屁股一撞,把狐狸撞晕了。

通过熊法官和猴警探的努力,大树林的秩序一天比一天好。

11. 奇妙的数王国

一场莫名其妙的战争

"打仗啦！打仗啦！"弟弟小华一溜烟似地跑进了屋。哥哥小强正在专心做题，小华这一喊，把他吓了一跳。

"哪里打仗啦？"小强问。

"山那边。"小华抹了一把头上的汗，上气不接下气地说，"山那边来了两支军队，真刀真枪地打得可凶啦！哥哥，你听，这隆隆的炮声有多清楚！"小强侧耳细听，隐约的真有枪炮声。

"奶奶一直不叫咱们到山那边去玩。"小强假装生气了。

小华用手挠挠头，一副可怜相："可是，能看看打仗该多有意思呀！"

小强和小华虽说是亲兄弟，可是长相却有很大差别。哥哥小强长得又高又瘦，但是脑袋挺大，给人以"细脖大脑壳"的感觉，念初中一年级，功课学得很棒，数学曾在区里、市里的比赛中得过奖；弟弟小华却

奇妙的数王国

李毓佩
数学科普文集

长得又矮又胖，像一个小肉球。他比哥哥小两岁，读小学五年级，好说好动，功课倒也说得过去。

"哈哈，我逗你玩哪！走，咱们到山顶上看看去。"小强说完，拿起望远镜，拉着小华就往山上跑。

到了山顶，小强举起望远镜向山那边看。嘿，两支军队打得还挺热闹。一支军队穿着红色军装，每名士兵胸前印着一个挺大的号码：8，10，12，14…都是偶数；另一支军队穿着绿色军装，胸前的号码是5，7，9，11…是清一色的奇数。

"嘿！真有意思，奇数和偶数打起仗来啦。咱们下去看看。"哥哥拉着弟弟的手就往山下跑。没跑几步，听到草丛中有人哭泣，小强拨开青草一看，只见一个衣着华丽的胖老头，正蹲在那里哭泣。胖老头听见响动，回过头问："谁？"

"是我。"小强见这个人胸前的号码是0，便问，"你是0号？你怎么躲在这儿哭呀？"

"我不是0号，我就是0。"胖老头说完，上下打量着小强和小华，"你们胸前都没有写数，看来你们不是我们整数王国的人喽！"

"什么整数王国呀！我俩都是中华人民共和国的公民。"小华笑嘻嘻地自我介绍说，"我叫小华，小学五年级学生。他是我哥哥小强，初中一年级的优等生，*abc*、*xyz* 都学过，数学学得可棒啦，区里、市里都得过奖！"

小强捅了小华一下："别瞎吹牛！"

听完小华的介绍，胖老头眼睛一亮，高兴地说："欢迎！欢迎！你们哥俩来到了一个神奇的世界，这就是由我——零国王统治的整数王国。"

小华眨巴眨巴眼睛问："你既然是高贵的国王，为什么一个人躲在这儿哭呢？"

"咳！一言难尽啊。"零国王刚想往下说，突然，响起了嘹亮的军号声，只见偶数队伍中亮出一面大红旗，旗上写着3个斗大的字——男人数，旗下站着一位军官，身穿元帅服，足蹬高筒马靴，腰挎指挥刀，模样十分威武，胸前写着一个"2"字。这名军官把手向前一举，大喊一声："伟大的男人数，冲啊！"偶数像潮水一样向奇数涌了过去。

在奇数这边也站着一位相同模样的军官，他胸前写的是"1"字。他把手向上一举，大喊："奇数兄弟们，给我顶住！"双方部队相遇，刀光剑影，杀声震天，战斗进入了高潮。

小华看得直发愣，问："零国王，这到底是怎么回事？"

零国王先往奇数那边一指说："那名军官是奇数军团的1司令。"他又往偶数那边一指说，"那名军官是偶数军团的2司令。他俩分别是正奇数和正偶数中最小的两个数，是我的左膀右臂呀！"

小华问："难道最小的正整数就能当司令？"

"不，不。"零国王摇摇头说，"他俩都有一些特殊的本领。就拿2司令来说吧，用他可以轻而易举地判断出，一个整数是不是偶数。"

小华笑笑说："这个我知道。凡是能被2整除的数就是偶数；反之，不能被2整除的就是奇数呗。"

零国王高兴得直拍手："对，对，你说得很对！"

小强问："偶数为什么自称是男人数？"

"咳！问题就出在这个男人数上。"零国王解释说，"2司令特别崇拜古希腊的数学家毕达哥拉斯。毕达哥拉斯曾把偶数叫男人数，把奇数叫女人数。2司令觉得这种说法很有意思，就逼着我把偶数和奇数改名为男人数和女人数。他说这样一改就和人一模一样了。"

小华急着问："你同意了吗？"

"我没同意呀！你想，奇数和偶数是说明数的性质，叫什么男人数、女人数，没有道理。难道叫偶数都留上胡子，叫奇数都梳上小辫儿？"

零国王一番话，逗得小强和小华一个劲儿地笑。零国王扭头看了一眼两军厮杀的战场说："再说 1 司令也不同意呀！2 司令见我们不同意就急了，他把偶数军团拉了出去，逼着我们同意。1 司令一气之下，把奇数军团也拉了出去，两边开了战。这样一来，可苦了我喽，我成了光杆国王啦！"说到这儿，零国王又想哭。

小强赶紧劝说几句："零国王，你不要太伤心了。我觉得这是一场莫名其妙的战争，有什么办法制止他们打仗吗？"

零国王一拍大腿："办法倒是有一个。"

你中有我，我中有你

小华急问："有什么好办法？"

零国王十分神秘地说："2 司令最听毕达哥拉斯的话，如果你能用毕达哥拉斯的话来劝他，他一定会听。"

"试试看，你带我去见 2 司令吧！"小强想做调停人。零国王痛快地领着他们哥儿俩去了。

2 司令已经杀红了眼，挥舞着指挥刀左杀右砍，零国王叫了他好几声，他才从战场上下来。

零国王指着小强和小华介绍说："这是一个中学生，一个小学生。这哥儿俩想找你谈谈。"

2 司令抹了一把头上的汗，气势汹汹地说："没看见我正在指挥战斗哪！有话快说！"

小强心平气和地问："听说 2 司令最听数学家毕达哥拉斯的话？"

2 司令梗着脖子嚷："哼！伟大的毕达哥拉斯的话，谁敢不听？"

小强微笑着问："2 司令，伟大的毕达哥拉斯曾提到过相亲数，你知道吗？

"相亲数？没听说过。"

"毕达哥拉斯经常说，'谁是我的朋友，就会像220和284一样'。后来就把相亲数作为友谊的象征。"

小强的话引起了2司令的兴趣。他把指挥刀插入刀鞘："你快给我讲讲，这相亲数到底是怎么回事？"

小强先提了一个问题："谁能把220和284的真因数都找出来？"

"这个容易。"零国王眼珠一转说，"220的真因数有11个，它们是1、2、4、5、10、11、20、22、44、55、110；284的真因数只有5个，即1、2、4、71、142。"

小强在地上做加法：

$1+2+4+5+10+11+20+22+44+55+110=284$；

$1+2+4+71+142=220$。

"你们看，"小强指着两个算式说，"220所有真因数之和等于284，而284所有真因数之和又恰好等于220。这两个数是你中有我，我中有你，相亲相爱，永不争斗！"

"嗯，是这么回事。"2司令忽然又有重大发现，"哈！哈！这两个相亲数都是我们偶数，偶数就是比奇数讲团结、重友谊。偶数万岁！"说到这儿，2司令有点控制不住自己喜悦的心情，又唱又喊，高兴极啦！

小强把话锋一转："毕达哥拉斯还说过，奇数和偶数是相生而成的数，偶数加1变成了奇数，奇数加1变成了偶数。所以说奇数和偶数是关系十分亲密的兄弟。兄弟情谊深似海，不能在名字上做文章，损害了兄弟的感情。"

小强的一席话，说得2司令低下了头。他喃喃地说："还是毕达哥拉斯说得对呀！小强，你能不能告诉我，哪些对偶数是相亲数，今后我将另眼看待他们。"

小强说："你先收兵行吗？"

"好吧。" 2 司令抽出指挥刀向空中一举，大喊，"鸣锣收兵，偶数军团全体集合！"

"当当……"一阵锣声，偶数军团的士兵全部撤了下来，排成整齐的方队。2 司令整理了一下衣服，往队伍前面一站，对全体偶数讲话："偶数弟兄们，我们这里来了两名学生。他们喊到谁，谁就出列。注意，每次都同时喊两个数，这两个数出队之后要站在一起，不许分开！听懂了没有？"

全体偶数齐声回答："听懂啦！"

2 司令高声叫道："220、284 出列！"

"是！" 220 和 284 迈着整齐的步伐向前走了 5 步，并迅速靠在一起。

2 司令很客气，对小强说："请你把相亲数都叫出来。"

小强高声叫道："17296 和 18416，9363544 和 9437056 出列！"这两对数乖乖地走了出来。

2 司令问："这两对相亲数也是伟大的毕达哥拉斯找到的？"

"不，不。"小强解释，"这两对相亲数是 17 世纪法国数学家费马找到的。"

2 司令双手用力一拍："哈，我找到了毕达哥拉斯第二了，他就是数学家费马！"

"但是，在相亲数方面贡献最大的，应该是 18 世纪瑞士数学家欧拉。他在 1750 年一次就公布了 60 对相亲数，人们以为这下把所有相亲数都找完了。"

2 司令更加激动了，他紧握着双拳叫道："哈哈，我又找到了毕达哥拉斯第三，他是瑞士数学家欧拉！欧拉，欧拉，伟大的欧拉！"

小强和小华看到 2 司令滑稽的样子十分可笑。

小强对 2 司令说："还有一个使你激动的消息。当人们以为欧拉把相亲数都找完了的时候，1866 年意大利年仅 16 岁的青年巴格尼，发现了一对比 220 和 284 稍大一点的相亲数 1184 和 1210。这样一对小的相亲数，前面提到的几位大数学家竟没发现它们。"

"1184 和 1210 出列！"2 司令大声命令这两个数出列。2 司令走上前去和他俩热烈拥抱。"差一点把你俩给漏掉，看来巴格尼应该是毕达哥拉斯第四啦！"

小华拍拍 2 司令肩头说："2 司令，这么一会儿你就多任命出 3 个毕达哥拉斯，真够快的呀！哈哈……"

零国王问 2 司令："这战斗是不是可以停下来？咱们还是以团结为重，不要再打了。"

2 司令稍微想了想，说："战斗可以停止，不过要答应我一个条件。"

零国王忙说："什么条件？说说看。"

总出难题的 2 司令

小强见 2 司令愿意停战，心里很高兴："2 司令有什么要求只管提吧！"

2 司令先让零国王把奇数军团的 1 司令请来。他斜眼看了一下 1 司令，说："我们偶数可以不叫男人数，他们奇数也可以不叫女人数。但是，偶数和奇数在性质上有很大区别，这一点必须提醒你们注意！"说着，2 司令从地上拾起 9 颗小石子，分成两堆，一只手握一堆。

2 司令说："1 司令，我一只手握着偶数个石子，另一只手握着奇数个石子。你若能猜得出我哪只手拿的是偶数个，哪只手拿的是奇数个，我就停战。"

"这个……"1 司令摸着脑袋直发愣。

小强略加思考说："请 2 司令把你左手的石子数乘以 2，再加上右手的石子数，这个计算结果是奇数呢还是偶数？"

2 司令答："是奇数。"

小强马上就说："你左手拿的是偶数个石子，右手拿的是奇数个石子。"

2 司令张开双手一看，左手里是 4 颗石子，右手里是 5 颗石子。

2 司令挠挠脑袋问："你搞的是什么鬼把戏？"

"哥哥的把戏我知道。"小华眨着大眼睛说，"不管是奇数还是偶数，用 2 一乘，乘积肯定是偶数，加上你右手的石子数结果得奇数。由于偶数只有和奇数相加，才能得奇数，这不正说明你右手拿的是奇数个石子吗？"

"嗯。"2 司令明白了。他眼珠一转又提出一个问题，"由于我们尊敬的零国王是偶数，说明偶数就是比奇数伟大。"

"也不见得。"小强摇摇头说，"数所以受到人们的重视，不仅因为可以计数，还因为能进行运算。"

"这话不假。我们每个数的腰上都有 4 把运算钩子，钩到哪个数，就与哪个数进行运算。"说着 2 司令撩开衣襟，在他的腰带上挂有加法钩子、减法钩子、乘法钩子和除法钩子。

小强问："2 司令，在四则运算中，你说哪种运算是最基本的运算？"

"当然是加法喽！减法是加法的逆运算，乘法是加法的简捷运算，比如 2×5 就是 5 个 2 相加嘛！而除法又是乘法的逆运算。有了加法这个基本运算，减、乘、除法也就跟着产生了。"2 司令对四则运算间的关系了如指掌。

小强给 2 司令出了个难题："你们伟大的偶数，能不能用加减两种运算，把所有的奇数表示出来呢？"

2 司令手中拿着加法钩子，一下子钩住了数 4，成了 4+2，一股白烟过后，4+2 没了，变出一个 6 来。

零国王摇摇头说："4 加 2 等于 6，可是 6 还是偶数呀！"

新变成的 6 倒地一滚，又变成了 4+2，2 司令从数 4 身上摘下了加法钩子。紧接着 2 司令又用减法钩子钩住了数 4，成了 4−2，一股白烟过后，4−2 没了，又变出一个 2 司令来。

2 司令折腾了好一阵子，也没能用加法钩子、减法钩子变出个奇数来。2 司令擦了把汗说："怪事啦！连一个奇数也变不出来。"

1 司令这下可神气了。他向前走了一步说："尽管伟大的偶数用加法、减法得不出奇数，但是我们这些平凡的奇数，却可以表示出你们伟大的偶数来。"说着 1 司令举起减法钩子，钩住了数 3，成了 3−1，一股白烟过后 3−1 没了，多出一个 2 司令。数 5 也不怠慢，他用减法钩子钩住了数 7，成了 7−5，又一股白烟过后，出现了第三个 2 司令。接下去，每相邻的两个奇数都做了一次减法，一阵白烟过后，眼前出现了千千万万个 2 司令。

零国王赶紧拦阻说："别变了，别变了！都变成了 2 司令，谁来当小兵呀！"于是，这些新变的 2 司令倒地一滚，又变回为 3−1，7−5，11−9…

小强笑着对 2 司令说："对于加、减运算来说，偶数是跑不出偶数军团这个圈儿的，而奇数却可以表示出偶数。"

显然，2 司令并不服气。他经过一段时间考虑，似乎胸有成竹了。只见 2 司令把脖子一梗说："那才不对呢！只用加、减法我们偶数照样能表示奇数。"

零国王小声对 2 司令说："别开玩笑，我怎么不知道有这么回事呢？"

"绝不开玩笑，只是需要您来帮一下忙就行。"2 司令在地上写了一行算式：

$$2^0=1, \ 2^1=2, \ 2^2=4, \ 2^3=8, \ \cdots$$

2 司令解释："这种运算叫作乘方运算，也有人把它叫作第五种运算。它表示同一个数连续相乘。比如，$2^3=2\times2\times2=8$，右上角的指数是几，就表示有几个 2 相乘。你们说吧，想要表示哪个奇数？"

奇数 11 站出来问："能表示我吗？"

"没问题。"2 司令一个旱地拔葱，蹦得很高，落地跌成 3 个数：2^2、2^1、2^3。只见 2^1 举起加法钩子钩住了 2^0，2^3 举起加法钩子钩住了 2^1，成了 $2^0+2^1+2^3$。他们刚想变，被 1 司令拦住了。

1 司令忙说："慢着，先不着急变出得数。我要请教一下，2^0 应该是 0 个 2 相乘，请问这 0 个 2 相乘得几呀？"

"这……"2 司令眼珠一转说，"我们整数王国规定，2^0 表示一个最傻的数！"

1 司令忙问："这个最傻的数究竟是谁？"

谁是最傻的数

1 司令弄不清谁是最傻的数。2 司令一指 1 司令的鼻子说："最傻的数就是你！"

"啊！"1 司令听罢这话，立即暴跳如雷，"刷"的一声，把宝剑抽出，就要和 2 司令拼命。

小强过来赶忙拦住："1 司令息怒。2 司令有意开个玩笑。不过，数学上确实规定 $2^0=1$。"

2 司令冲 1 司令做了个鬼脸，接着大喊一声："变！"一股白烟过后，$2^0+2^1+2^3$ 不见了，变出一个 11 来。

"好啊！"偶数军团里发出一阵欢呼声。数 4 站出来说："只用 2 司令一个偶数，就可以把所有奇数都表示出来，2 司令真够伟大的！"11 倒地一滚又变回了 $2^0+2^1+2^3$。

2 司令摘下加法钩子，得意地说："怎么样？偶数照样可以表示奇数吧！"

小强笑着摇摇头："2 司令真是聪明过人。不过你用的乘方已不是加、

　　　　　　　　　　　　　　　　奇妙的数王国　　李毓佩
数学科普文集

减法了。"

小华在一旁说："不按要求做，不算数！"

2司令眼珠一转，对小华说："咱们先不谈运算。就拿你们人类来说，也是偏爱我们偶数。单拿成语来讲就有'成双成对''四通八达''四海为家''四平八稳''十全十美''百发百中'，等等，都是形容美好事情的。这里面都是用我们偶数来形容的！"

数8也插上一句："尤其是'无独有偶'这个成语，最能反映你们人类喜欢偶数，厌恶奇数！"

"不对，不对！"小华摇着头说，"我作文时最爱用的是'一帆风顺''一日三秋''一马当先''三令五申''九牛一毛'。这些成语中一个偶数也没有。"

2司令走近一步问："难道你连一个带偶数的成语也不用？"

"那倒不是。有时也用上几个，比如'八面玲珑''千疮百孔''十恶不赦'。可惜没有一个好词！"

小华的一番话，引得奇数军团发出阵阵喝彩声。2司令却气得话都说不出来了。

小强瞪了小华一眼，小声说："你别捣乱！不能扩大奇数和偶数的矛盾！"

小强赶紧出来打圆场："其实在成语中，更多的是奇数和偶数同时出现，比如'一目十行''三头六臂''七上八下''五颜六色'，等等。奇数、偶数各有所长，谁也离不了谁，团结在一起才大有用场。"

零国王左手拉着1司令，右手拉着2司令，下达命令："握手言和！今后谁也不许闹分裂，否则我严惩不贷！"

1司令和2司令都有大将风度，不仅握手，相互还拥抱在一起，用手拍打对方的后背。

"哈、哈……"

零国王见两位司令和好如初，高兴地仰面大笑。

突然，一个分数跑来，对零国王说："不好了，分数王国发生内讧，国王请您去调解一下。"

"啊！有这种事？那咱们就快去看看吧！"说完零国王拉着小强和小华，直往分数王国跑去。

古今分数之争

零国王等一行到了分数王国，听到里面吵吵嚷嚷乱作一团。$\frac{1}{10}$ 国王看到零国王来了，如同见到了救星，赶忙请零国王来评评理。

零国王先对 $\frac{1}{10}$ 国王点头致意，随后对全体分数说："有什么大不了的事，值得你们大吵大闹的？"

零国王的话音刚落，$\frac{1}{11}$ 就跳出来问："人类提倡的是尊老爱幼。咱们数的大家庭中，是不是也应该尊敬年老的数呀？"

"应该，应该！"零国王点点头说，"尊重老年数，也是我们的一种美德。"

1 司令问："在你们分数中，哪些数是老年数？"

$\frac{1}{11}$ 高傲地把头一扬："最老的分数应该是我们古埃及分数。"

"古埃及分数？我只听说过古埃及的金字塔和木乃伊，从没听说过还有什么古埃及分数。"小华觉得挺新鲜。

$\frac{1}{11}$ 解释说："古埃及分数包括 $\frac{2}{3}$ 和所有的单位分数，比如 $\frac{1}{2}$，$\frac{1}{3}$，$\frac{1}{4}$……一句话，单位分数就是分子是 1 的分数。"

小华问："你们古埃及分数有多大年纪啦？"

"现在保存在英国博物馆的古埃及纸草书中，就有关于古埃及分数的记载。这份纸草书大约是公元前 3000 年，由一个叫阿墨斯的人写成的。

这样算起来，离现在已有 5000 年了。"

"啊！"小华惊讶地说，"你们有 5000 岁了，真是数中的老寿星呀！"

$\frac{7}{8}$ 在一旁没好气地说："他们古埃及分数总是倚老卖老，其实并没有什么真本事，恐怕连一个其他分数都表示不成！"

"什么？" $\frac{1}{8}$ 跳出来大叫，$\frac{1}{2}$、$\frac{1}{4}$ 站出来，咱们给他做个加法。"

$\frac{1}{4}$ 用加法钩子钩住 $\frac{1}{2}$，$\frac{1}{8}$ 又用加法钩子钩住 $\frac{1}{4}$，成了 $\frac{1}{2}+\frac{1}{4}+\frac{1}{8}$。"噗！"一股白烟过后，出现在大家面前的是 $\frac{7}{8}$。

小华拍着手说："$\frac{7}{8}$ 可以用 3 个古埃及分数来表示，真有意思。"说着 3 个古埃及分数又恢复了原样。

$\frac{1}{8}$ 摇晃着脑袋对 $\frac{7}{8}$ 说："怎么样？把你都表示出来了吧！服不服？"

"哼，没什么了不起！"

"没什么了不起？" $\frac{1}{8}$ 转身从后面端出 7 个大面包，对 $\frac{7}{8}$ 说，"这里有 7 个面包，都一样大小。你把这 7 个面包平均分成 8 份，请零国王和 $\frac{1}{10}$ 国王吃，请 1 司令和 2 司令吃，请小强和小华这两位小客人吃，咱俩也一同陪着吃。你来分吧！"

$\frac{7}{8}$ 心中暗喜，你这道题算是出对路子啦！7 个面包 8 个人平分，每人分得的正好是我——$\frac{7}{8}$ 个面包。想到这儿，$\frac{7}{8}$ 笑着说："这还不容易，我把每个面包都切成 8 等份，分给每个人 7 份不就成了吗？" $\frac{7}{8}$ 拿起刀就要切。

"慢！" $\frac{1}{8}$ 拦住 $\frac{7}{8}$ 说，"把面包切成那么多小块，似乎对客人不够尊重。要求分给每位客人 $\frac{7}{8}$ 个面包，但块数不得超过 3 块，请分吧！"

"这个……" $\frac{7}{8}$ 举着刀，琢磨了半天也无从下手。他心想，每人分得的块数不能多于 3 块，这能办得到吗？他别蒙我！$\frac{7}{8}$ 反问 $\frac{1}{8}$："你会分吗?"

"我不会分,能让你分吗?" $\frac{1}{8}$ 挥手把 $\frac{1}{2}$ 和 $\frac{1}{4}$ 又叫了出来。把其中 4 个面包交给了 $\frac{1}{2}$,2 个面包交给了 $\frac{1}{4}$,最后一个面包自己留下,然后把手向下一挥,喊了声:"开始分!"

$\frac{1}{2}$ 用刀把 4 个面包每个都平均切成 2 份,一共分了 8 份; $\frac{1}{4}$ 把 2 个面包每个都平均切成 4 份,一共也分了 8 份; $\frac{1}{8}$ 把手中的一个面包平均分成了 8 份。

$\frac{1}{8}$ 拿了一块大的、一块中等的、一块小的说:"这 3 块合在一起正好是 $\frac{7}{8}$ 个面包。"说着每人分了 3 块面包。

小华一想,$\frac{1}{2}+\frac{1}{4}+\frac{1}{8}=\frac{7}{8}$,便跷起大拇指称赞说:"你这个分法真巧妙!"

$\frac{1}{8}$ 得意地说:"怎么样? 姜还是老的辣嘛! 我们古埃及分数不但资格老,用途还大哪!"

零国王被说服了,他对小强说:"古埃及分数还真有两下子,我看可以给他们点特殊照顾。"

小强笑了笑没说话,他走到 1 司令身边,小声对 1 司令说了几句。

1 司令站了出来对 $\frac{1}{8}$ 说:"朋友,如果你能用 8 个分母是奇数的古埃及分数,把我 1 司令表示出来,我就同意给你们特殊照顾。"

$\frac{1}{8}$ 盯着 1 司令沉思了一会儿,挥手叫出 8 个分母是奇数的古埃及分数,令他们做加法:

$$\frac{1}{3}+\frac{1}{5}+\frac{1}{7}+\frac{1}{9}+\frac{1}{11}+\frac{1}{15}+\frac{1}{35}+\frac{1}{45}。$$

"噗"的一股白烟过后,变成一个 $\frac{230}{231}$。

1 司令指着 $\frac{230}{231}$ 说:"他比我还差一点呀!"

$\frac{1}{231}$ 跑过来说："再加上我就正好等于 1 啦！"

$\frac{1}{8}$ 司令摇摇头说："不成，不成。再加上你就是 9 个古埃及分数啦，我要的是 8 个。"

$\frac{1}{8}$ 一声令下，让 $\frac{1}{35}$ 和 $\frac{1}{45}$ 下去，由 $\frac{1}{21}$ 和 $\frac{1}{315}$ 来代替，又做了次加法：

$$\frac{1}{3} + \frac{1}{5} + \frac{1}{7} + \frac{1}{9} + \frac{1}{11} + \frac{1}{15} + \frac{1}{21} + \frac{1}{315}。$$

结果变出来的还是 $\frac{230}{231}$ 。

$\frac{1}{8}$ 一会儿调换这个数，一会儿调换那个数，折腾了半天，怎么也不能用 8 个分母是奇数的古埃及分数，表示出 1 司令。

小强拦住 $\frac{1}{8}$ 说："好了，不用再折腾了。我们的数学家已经证明，用分母是奇数的古埃及分数的和来表示 1，仅有 8 种方法，但是每一种表示方法都不能少于 9 个古埃及分数。"

$\frac{7}{8}$ 撇着嘴对 $\frac{1}{8}$ 说："连表示一下 1 司令，都至少要 9 个古埃及分数，你们使用起来可真够麻烦的。"

$\frac{1}{8}$ 自知理亏，低头不语。他猛一抬头，看见了 2 司令，高兴地说："虽然说表示 1 司令麻烦了一点儿，但是对于 2 司令，我们可有绝招！"

古埃及分数的绝招

$\frac{1}{8}$ 看见了 2 司令，高兴地说："有啦！我们古埃及分数的神奇作用，将在 2 司令身上充分体现出来。

"我?" 2 司令被说得有点丈二和尚——摸不着头脑。

$\frac{1}{8}$ 问零国王："您知道什么是完全数吗?"

"当然知道。作为堂堂的整数王国的国王，我能连完全数都不知道?"

零国王解释，"古希腊的数学家发现了一种具有特殊性质的正整数，它可以用除去本身之外的所有约数之和来表示，古希腊数学家认为这种数最高尚、最完美了，给它起名叫完全数。"

零国王来了精神，他对大家说："看我来给你们表演一番。数6过来!"

数6迈着正步走到零国王面前，向零国王行举手礼。谁知零国王一言不发，举起手来在6的头顶上猛击一掌，大喊一声：

"给我分解开来!"

数6被击倒在地，他在地上顺势一滚，一股白烟过后，数6不见了，出现在大家面前的是一个连乘积：$1 \times 2 \times 3$。数2和数3迅速摘掉乘法钩子，变成了1、2、3三个数。

零国王指着这三个数说："这1、2、3就是6的约数。"

零国王把左手向上一举："你们给我做个加法!"1、2、3乖乖地用加法钩子连在一起，成了$1+2+3$。"噗"的一股白烟过后，$1+2+3$变成了6。

零国王得意地对大家说："看见了没有? 6就有这种完美的性质。我还告诉大家，6是最小的完全数。"

接着零国王又把28、496、8128叫了出来，如法炮制，结果是：

$1+2+4+7+14=28$；

$1+2+4+8+16+31+62+124+248=496$；

$1+2+4+8+16+32+64+127+254+508+1016+2032+4064=8128$。

对于这四个数的精彩表演，大家报以热烈掌声。

零国王当众宣布：6、28、496、8128是前四个完全数。

"真棒!"小华跷着大拇指说，"完全数的性质真美妙呀!"

听到小华的夸奖，零国王更来了精神。他大声说道："美妙的还在后面哪! 来数!"零国王一声令下，只见1司令、2司令、3、4、5、6、

7一共7个连续整数，整齐地排成一排，除1司令外，他们各自掏出加法钩子，依次钩好，零国王喊了一声"变!"立刻变成了完全数28，即：

$$1+2+3+4+5+6+7=28。$$

零国王又把手一挥说："再来呀!"从8到31都站出来，掏出加法钩子，接着往下钩。一声"变"，又出现了完全数496，即：

$$1+2+3+\cdots+30+31=496。$$

接着又变化出：

$$1+2+3+\cdots+126+127=8128。$$

"真有意思!"小华拍着手说，"每个完全数都可以用从1开始的连续正整数的和来表示，妙极啦!"

看小华这样高兴，零国王也越发兴奋。他跳起来说："咱们再来点新鲜的!"零国王跑到奇数军团中连挥了三下令旗。只见奇数军团中一阵忙乱，然后摆出了三个式子：

$$1^3+3^3=28$$

$$1^3+3^3+5^3+7^3=496$$

$$1^3+3^3+5^3+7^3+9^3+11^3+13^3+15^3=8128。$$

"了不起! 了不起! 完全数又可以用从1开始的连续奇数的立方和来表示。"小华被这一系列变化所吸引。

小华一回头，看见$\frac{1}{8}$站在那儿一个劲儿傻笑。小华奇怪地问："你乐什么? 这些精彩的表演都是显示完全数的奇妙性质，与你们古埃及分数可无关啊!"

"嘿，关系可大了!"$\frac{1}{8}$摇晃着小脑袋说，"我也给你露一手!"

$\frac{1}{8}$把完全数6的所有约数1、2、3连同6自己全部叫了出来。$\frac{1}{8}$走上前去，毫不客气地给每个数一脚，把他们都踢了一个倒栽葱。说也奇怪，这些整数一倒栽葱之后，都变成了古埃及分数：1变成$\frac{1}{1}$，2变

成了 $\frac{1}{2}$，3 变成了 $\frac{1}{3}$，6 变成了 $\frac{1}{6}$。

小华吃惊地问："这是怎么回事?"

$\frac{1}{8}$ 笑笑说："你怎么忘了? 2 和 $\frac{1}{2}$ 互为倒数，3 和 $\frac{1}{3}$ 互为倒数，同样 6 和 $\frac{1}{6}$ 互为倒数。一个整数来个倒栽葱后，必然变为他的倒数——一个古埃及分数。"

"那么古埃及分数来个倒栽葱，必然会变成一个整数喽!"

"对，对极啦!" $\frac{1}{8}$ 拍了拍小华的肩头说，"你很聪明嘛!"

$\frac{1}{8}$ 把 28 的所有约数 1、2、4、7、14 连同 28 叫了出来，也给每个数"赏"了一脚，他们分别变成了 $\frac{1}{1}$、$\frac{1}{2}$、$\frac{1}{4}$、$\frac{1}{7}$、$\frac{1}{14}$ 和 $\frac{1}{28}$。

$\frac{1}{8}$ 对 496 及其所有约数来了个同样对待，接着命这些古埃及分数分别做加法:

$$\frac{1}{1} + \frac{1}{2} + \frac{1}{3} + \frac{1}{6}$$

$$\frac{1}{1} + \frac{1}{2} + \frac{1}{4} + \frac{1}{7} + \frac{1}{14} + \frac{1}{28}$$

$$\frac{1}{1} + \frac{1}{2} + \frac{1}{4} + \frac{1}{8} + \frac{1}{16} + \frac{1}{31} + \frac{1}{62} + \frac{1}{124} + \frac{1}{248} + \frac{1}{496}$$

$\frac{1}{8}$ 大喊一声:"变!"一股白烟过后，3 个和式都不见了，却变出来 3 个 2 司令。

"真妙啊!"小华激动地说，"完全数以及他的约数的倒数和，全都等于 2。这真是不可思议呀!"

$\frac{1}{8}$ 得意地把大嘴一撇说:"服不服? 这就是我们古埃及分数的神奇作用在 2 司令身上的体现! 小华你说说，我们古埃及分数年岁这么大，本领又如此神奇，该不该受到点特殊照顾?"

小华不假思索地说:"应该，应该……"小华一回头，见到哥哥正瞪着他，知道说得不够妥当，一吐舌头，赶紧不说了。

这时，零国王为难地问小强:"你看，这该怎么办?"

以老治老

小强看到零国王十分为难的样子，说："您别着急，我来想个办法。"

小强在地上画了几个奇怪的图形，接着问 $\frac{1}{8}$："你是古埃及分数，年纪大，见多识广。请你识别一下我画的都是些什么。"

图1　　　　图2　　　图3　　图4　　图5

$\frac{1}{8}$ 站在这些图前，左看看，右瞧瞧，怎么也看不出个所以然。他又问身边的几个古埃及分数："你们认识不认识这些图形？"他们也都摇摇头说不认识。

零国王在一旁实在憋不住了，他向前走了几步，指着小强画的图说："这些都是古老的数！图1是古代巴比伦的数字24，他们使用的是60进位制，古巴比伦人把这些数字刻在泥版上晒干，可以长久保存；图2是古埃及数字，⌇是忘忧树，代表1000，℮是蛇，代表100，∩是面包，代表10，∣是木杖，代表1，图2表示1432。"

$\frac{1}{8}$ 又问："其余的几个符号又表示什么意思呢？"

零国王指着图3说："这是古罗马数字90。C表示100，X表示10。古罗马数字有个规定：同一个符号最多写3次，比如30写成XXX，如果数字再大就要用加减法了。如果把小数字放在大数字右边则表示加，放在左边就表示减。XC表示$100-10=90$。"

"真有意思，真开眼界。"小华听入了神。

零国王又指着图4说："这是中美洲玛雅人使用的数字，代表140。玛雅人使用的是20进位制，他们只有3个符号：一个点、一个横道和一个像眼睛一样的椭圆形来表示任何数字。•表示1，——表示5，这样就表示 7。若在任何数下面画一个'眼睛'，就是把这个数扩大 20 倍。表示的是 7×20＝140。"

小华指着图 5 说："这个用棍摆成的数字，我怎么看着眼熟呢？"

"你当然眼熟啦！"小强说，"这表示我们中国古代数字 378 呀！"

零国王点点头说："对！古代中国人用竹棍摆出各种数字，堪称世界一绝。"

大家都佩服零国王见多识广，不愧是一国之君。

小强对 $\frac{1}{8}$ 说："我画的这些整数资格也都够老的了，他们该不该享受特殊待遇啊？"这时 $\frac{1}{8}$ 有点脸红了。

小强又说："要说性质奇妙，你们也比不上完全数。如果要特殊待遇的话，这些数该不该要呢？"$\frac{1}{8}$ 听了这番话，不禁低下了头。

零国王劝说道："偶数、奇数、普通分数、古埃及分数，在数的发展史上各占有重要的地位,谁也别搞特殊了。"$\frac{1}{8}$ 心服地点了点头。突然，$\frac{2}{3}$ 跑来说："不好了，$\frac{1}{10}$ 国王不见了。"

"啊！"零国王大惊失色，说，"刚刚劝说古埃及分数不再要特殊待遇了，可是 $\frac{1}{10}$ 国王丢了，古埃及分数还要闹腾的！你们别忘了，$\frac{1}{10}$ 国王也是古埃及分数啊！"

"这可怎么办？"大家都十分着急。

零国王一拍大腿说："我看这样吧！让 1 司令带着几名士兵去找 $\frac{1}{10}$ 国王。小强，你数学好，也跟着 1 司令去找 $\frac{1}{10}$ 国王。我们在这儿等着你们。"

1 司令答应一声，挑选几名士兵，拉着小强找 $\frac{1}{10}$ 国王去了。

哥哥走了，小华一个人闲来无事，就到河边走走。河水很清，河对岸长着一片树林，景色很美。

奇妙的数王国

李毓佩
数学科普文集

突然，河水"哗啦"一响，从河里爬出一只大乌龟。乌龟流着眼泪对小华说："我本来是仙鹤王子，只因为得罪了2司令，2司令使用魔法把我变成了这个丑样子。小华，我知道你是好心人，你快救救我吧！"

小华十分同情大乌龟："可……我怎么救你呀？"

大乌龟说："2司令把魔法画在了我的背上，如果有人能破译其中的奥秘，我就能恢复到原来的样子。"

小华低头一看，连连摇头说："这到底是什么玩意儿呢？"

乌龟壳上的奥秘

小华仔细一看，见乌龟壳上有许多圈圈点点（如图6）："这些圈呀、点呀都代表什么呢？"

乌龟想了想说："我记得2司令曾对他的士兵说过，每一个圈和点都代表一块石头。如果把和这些圈、点总数一样多的石头，放在我的背上，可以把乌龟壳压裂，我就能从壳里面出来。"

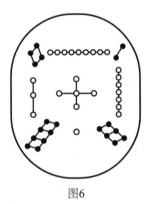

图6

"试试看。"小华数了一下乌龟壳上的圈点数说，"总共45个，你趴好，我要往你背上放石头啦！"

"1块、2块、3块……35块。"小华累得满头大汗。

刚刚放上35块石头，乌龟在石头堆下大叫："别再往背上搬了！快把我压死啦！"

小华抹了一把头上的汗："可是，不够45块呀！"

突然，小华听到背后有一种尖声尖气的声音："是谁这么不讲道理，把我堵洞口的石头都搬走了？"

小华回头一看，是一只小鼹鼠从洞里钻出来，一脸不高兴的样子。

小华赶紧向小鼹鼠一鞠躬："对不起，我在帮乌龟破谜哪！"

"什么谜？我来看看。"小鼹鼠从洞里钻了出来，去看乌龟背上的谜。

乌龟恳切地说："你能告诉我，我背上的圈儿和黑点都代表什么吗？"

小鼹鼠仔细地看了一会儿："我发现一个规律：这连在一起的圈儿都是单数，而连在一起的黑点都是双数。"

小华猛地一拍大腿："对呀！黑点代表偶数，圈儿表示奇数，原来乌龟背上画的是9个整数（图7）。"说完他就在有9个格的方框里写出了9个数（图8）。

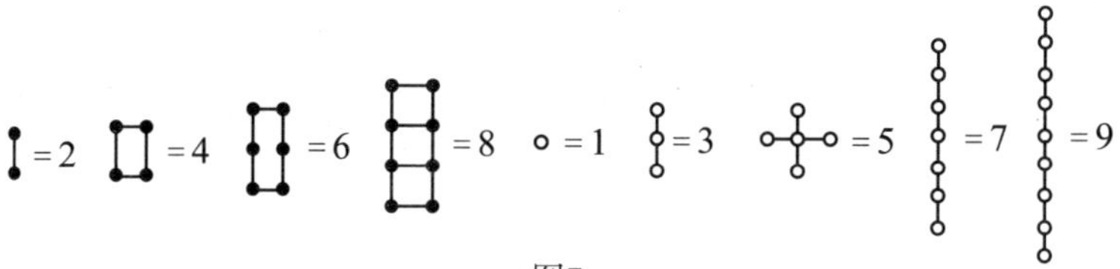

图7

乌龟用力挣扎了一下，还是变不成仙鹤王子。乌龟着急了："你都把密码破译出来了，我怎么还是乌龟哪？"

"你别着急，让我想一想。"小华轻轻拍着脑门儿。突然，他高兴地说："有啦！这些数之间还隐藏着一个秘密。"

"什么秘密？"

"把横着一排的3个数相加，比如4+9+2；把竖着一排的3个数相加，比如4+3+8；或者把斜着一排的3个数相加，比如4+5+6，它们的和都等于15。"

4	9	2
3	5	7
8	1	6

图8

小华话音刚落，"叭"的一声响，乌龟背裂开成为9块，一只头戴王子冠的仙鹤，从乌龟体中飞了出来。仙鹤高兴地在天空中盘旋了3圈以后，轻轻地落到了小华的面前。

仙鹤王子对小华说："谢谢你救我！到我家去做客吧！"

还没等小华回答，"嚓嚓"一阵急促的脚步声，一队偶数军团的士兵快步跑来。领队的数 6 下达命令："快，把他们 3 个都给我抓起来！"

鼹鼠一看不好，"哧溜"一声钻进了洞里。仙鹤王子急抖双翅飞向高空。小华是上天无路，下地无门，被偶数军团的士兵抓了起来。

小华生气地问："你们为什么抓我？"

数 6 摇晃着脑袋说："你识破了我们 2 司令的秘密，要抓你去见 2 司令！"

仙鹤王子从空中俯冲下来，想救走小华。数 6 急令士兵开枪，仙鹤王子只好向高处飞去。

仙鹤王子在空中说："小华，你不用害怕，我会去救你的。"在"乒乓"的枪声中，仙鹤王子渐飞渐远。

神秘的蒙面数

小华被反捆着双手，推推搡搡地去见 2 司令。

2 司令指着小华大叫："你能识破我画在乌龟背上的'九宫图'，本事不小啊！你放跑了我的仇敌仙鹤王子，胆子也不小啊！"他接着命令数 6："先把他给我押起来！"

数 6 响亮地回答一声："是！"押着小华直奔牢房。数 6 把小华推进房内，把牢房门上了锁。

数 6 吹了一声口哨："喂，小伙子，老老实实在这儿待一夜吧！再见。"说完数 6 吹着口哨走了。

小华憋了一肚子气，他狠命踢了铁门一脚："真倒霉，小强哥哥也不在身边，谁来救我呀！"

小华在牢房里转了两圈儿，然后一屁股坐在了地上。突然，外面有响动。小华抬头一看，啊！是一个蒙面数。蒙面数两只闪亮的眼睛正盯着小华。小华害怕极了，他大喊："有贼！快来捉贼呀！"

小华的喊声惊动了偶数军团的士兵，连2司令也跑来了。蒙面数一看来了这么多人，顿时慌了神，撒腿就跑。首先与2司令迎面相撞，把2司令撞了一个跟头。蒙面数连拐几个弯儿就不见了。

几个偶数忙把2司令扶了起来。2司令揉了揉屁股说："刚才蒙面数撞我的时候，我除了他一下，发现他能被我整除。"

数6一拍大腿："嘿，能被2司令整除的，它肯定是个偶数！"

数10提出了新的线索："蒙面数从我面前跑过，他个头比我矮！"

2司令点点头说："这个蒙面数不但是个偶数，还小于10。"

听2司令这么一说，数6可吓坏了。他连忙解释："我是偶数，我也小于10，我发誓：我可没干坏事！"

数4又提出一个新的线索："蒙面数也被我除了一下，他也能被我整除。"

数6高兴地喊了起来，他大声叫道："蒙面数跑不了啦！小于10，又能被4整除的只有数8！"

2司令"啪"地一拍桌子："把数8给我押上来！"

数4和数6很快就把数8押来了。在确凿的证据面前，数8不得不承认自己就是蒙面数。

2司令开始审问数8："你蒙面到小华的牢房干什么去了？"

"嗯……"数8低着头只嗯嗯，不说话。

2司令转头问小华："你检查一下，丢了什么东西没有？"

小华一摸上衣口袋："啊，我的变色镜不见了。"

数6从数8的口袋里找出了小华的变色镜："报告2司令，变色镜在这儿！"

2司令十分生气，站起身来，一把揪住数8的脖领，把又矮又胖的数8从地上提了起来："你为什么要偷人家的眼镜？"

数8被2司令一逼问，吓得圆圆的大脑袋上直冒汗珠："我、我……我不是真心想偷。我看小华的眼镜和我长得差不多，都是由两个圆圈圈连在一起。不同的是，我的两个圆圈是一上一下，他的眼镜是一左一右。我是想借来玩玩。"

2司令怒火未消："想借着玩玩要征得小华的同意，你蒙面到小华牢房中去拿，这分明是偷，还敢抵赖！"

数8低下他的大脑袋一声不吭了。

"啪"2司令一拍桌子："把数8押下去，连续挠他3天痒痒肉。"

"嘿，嘿，嘿……"一听说要挠痒痒肉，数8就憋不住地笑了起来，因为数8最怕别人挠他脖子底下的痒痒肉了。数8连忙哀求说："2司令，你打我一顿都行，千万别挠我的痒痒肉，我真受不了呀！"

"废话少说，拉下去，一天24小时挠他的痒痒肉！"2司令真是铁面无私。

数10从外面跑进来说："零国王派数7来要小华。零国王说不能随便扣押客人。

"客人？哼，小华破了我的法术，放跑了我的仇敌仙鹤王子，他是我的罪人！想叫我放小华，是绝不可能的！"2司令把手一挥说，"让数7回去告诉零国王，小华我不能放！"

大战佐罗数

数6觉得不听零国王的命令不妥。他凑前一步对2司令说："2司令，你违抗零国王的命令，零国王是不会答应的，弄不好要罚咱们的！"

"哼！"2司令满不在乎，"我手中有强大的偶数军团，零国王能把我怎么样？"

突然，数10从外面慌慌张张地跑了进来。他结结巴巴地说："报告

2 司令，大事不好了，外面来了一个佐罗打扮的怪数，非要闯进司令部见你。弟兄们上前阻拦，他拿出乘法钩子，一连变没了好几个弟兄。"

"啊，有这等事？我去看看。"2 司令刚想出去，佐罗数已经进来了。

2 司令上下打量这个怪数，只见他头上戴着宽檐黑色的佐罗帽，眼睛上蒙着佐罗式的黑色眼罩，嘴上留着两撇小胡子，黑衣黑裤，腰间系着宽皮带，身后有黑色斗篷，右手拿着乘法钩子，活像一个法国义侠佐罗！美中不足的是，这个怪数长得又矮又胖，大失佐罗的风采。

2 司令"刷"的一声抽出了指挥刀，用刀指着怪数问："你就是佐罗数？你找本司令有什么事？"

"哈哈……"佐罗数双手叉腰一阵大笑，"我佐罗数是无事不登三宝殿。我是来救被你无理扣押的小华的。2 司令，你要识相一点儿，赶快把小华给我放了。如若不然，就别怪我不客气了。"

听了佐罗数这番话，气得 2 司令脸色陡变。他把指挥刀向上一举："这个怪数好生无礼，快给我拿下！"

数 4 和数 6 一齐扑了上去，大叫："佐罗数，你往哪里跑！"

佐罗数身体往旁边一闪，数 4 和数 6 都扑了一个空。佐罗数用乘法钩子钩住数 4 喊了声："变！"眨眼间数 4 就没了，地上只留下数 4 戴的军帽。佐罗数来了个照方抓药，用乘法钩子钩住数 6，一声"变！"地上也只剩下一顶军帽。

2 司令一看，大惊失色："啊，我的数 4 和数 6 都没了！"

佐罗数哈哈大笑，用乘法钩子指着 2 司令说："你若不服，咱俩斗一斗！"

2 司令吓得连连后退："你究竟是什么数，有如此大的本领？"

"哈哈，我嘛，就是佐罗数，大侠佐罗！"佐罗数回过头笑嘻嘻地对小华说，"小学生，你也吃我一乘法钩子吧！"

"不！不！我可不想叫你把我变没了！"小华吓得往后直躲。

佐罗数双手一摊："你怕什么？你是我的朋友，我不会把你变没了的。"说完，佐罗数用乘法钩子钩住小华的皮带，拖着就跑。2 司令深知佐罗数的厉害，也不敢去追，眼睁睁看着佐罗数把小华拖走了。

佐罗数拖着小华出了司令部，左一拐右一拐来到一座漂亮的宫殿前面。

佐罗数说："到家啦！"他先给小华摘掉乘法钩子，再摘掉自己头上的黑色大檐帽，脱掉斗篷，最后把眼罩一摘问："小华，你看我是谁？"

"啊，是零国王！"小华惊奇地发现，佐罗数原来是零国王假扮的。

零国王笑嘻嘻地说："我和 2 司令开了个小玩笑！不然，也没办法把你救出来呀！"

小华问："2 司令和仙鹤王子有什么仇恨？他为什么用法术把仙鹤王子变成了乌龟？"

"咳！"零国王摇了摇头说，"2 司令为人有个大缺点，心胸太狭窄！有一次，他看到仙鹤王子在湖中嬉水，当王子在水面上休息时，整个身体呈现个 2 字形，顿时 2 司令勃然大怒，认为世界上只有他才能是 2 字形，别人做出这种姿态，就是对他尊严的挑战！"

"2 司令也太霸道啦！"

零国王又接着说："2 司令非让仙鹤王子改变一下自己的姿势，不能呈现出 2 字形。人家仙鹤王子当然不同意，两人越说越僵，最后打了起来。2 司令就用法术把美丽的仙鹤王子变成了丑陋的乌龟。"

小华眨巴着大眼睛又问："你为什么要假扮成佐罗数去救我？你怎么能把数变没了？"

零国王笑着摇摇头说："2 司令是我的下属，我不想和他闹僵了。再说，2 司令自恃武艺高强，目中无人，趁这个机会我也教育教育他。至于我能把一个数变没了，你应该知道呀！"

"这个……"小华拍了拍前额说，"噢，我想起来了，因为零和任何数做乘法，乘积都是零。所以，你和别的数做乘法，把别的数乘没了，只剩下你——零国王。"

"哈哈，说得对！请到我的王宫里坐坐。"说完零国王拉着小华向王宫走去。

守门的士兵高喊："零国王驾到，敬礼！"

零国王拉着小华来到宝座前。零国王的宝座模样十分奇特，分上、下两层。小华摇摇头说："真新鲜！我见过双层床，还没见过双层宝座哪！"

零国王一指双层宝座说："请坐！"

小华摸着脑袋问："我是坐在上面呀，还是坐在下面？"

"那还用问！当然是你坐在下面，我坐在上面喽。"说完零国王来了个旱地拔葱，"噌"的一声，稳稳地坐在了上面的宝座上。小华也就不客气地坐在下面的宝座上。两个人一上一下开始聊天。

小华好奇地问："你为什么要把宝座做成双层的？而你为什么非坐上面不可？"

零国王用脚跺了跺隔在两层中间的板说："你看到没有？这中间的板就相当于一条分数线。作为零，我只能待在分数线的上方，下面万万待不得！"

"说得对！"小华明白了，"零不能在分数线下面待着；因为零不能作分母，零作分母没有意义。"两人你一言我一语聊得挺热闹。

一名士兵跑进来报告："外面来了一只跳蚤，说要和您比试一下武艺。"

"什么？一只小小的跳蚤竟敢要和我比试一下武艺！我去看看。"零国王说完，"噌"的一下跳下了宝座，急忙向宫外走去。

奇妙的数王国 李毓佩 数学科普文集

零国王苦斗跳蚤

零国王走出王宫大门，低着头到处找："跳蚤在哪儿？跳蚤在哪儿？"

突然，一个极小的家伙，一蹦跳起多高，在零国王的后脖子上狠狠地咬了一口。零国王的后脖子上立刻起了一个红包，把零国王痒痒得一个劲儿用手去挠。

"嘻嘻……"跳蚤高兴地说，"尊敬的零国王，我这个见面礼蛮不错吧？"

零国王"刷"的一声抽出了佩剑，用剑尖点着跳蚤："大胆的小虫，竟敢戏弄我零国王，看剑！"声到剑也到，一道白光直向跳蚤刺去。

跳蚤向空中一跳，躲过零国王的利剑。跳蚤在空中大叫："来吧！我要和你大战 300 回合。"

跳蚤脚一落地，从腰中抽出一支比老鼠胡须还要细的小宝剑，与零国王杀到了一起。跳蚤跳得高、躲得快，零国王尽管剑术高超，也休想碰到他一根毫毛。另一方面，零国王把剑舞得呼呼生风，跳蚤也近前不得。

"杀！杀！"跳蚤边战边退，退到一副跷跷板旁边。

跳蚤收住手中的小宝剑，对零国王说："你站在跷跷板的一端，我站在跷跷板的另一端。咱俩在跷跷板上比试一下，你敢不敢？"

"哼，我零国王怕过谁？"说着他就站到了跷跷板的一端，做好战斗准备。

跳蚤大喊一声："起！"就跳得挺高；又喊了一声："嗨！"身体落到跷跷板跷起的一端，跷跷板猛然向这一端斜歪，把零国王一下子给弹到了半空。

"唉哟，我上天啦！"零国王像跳水运动员一样，在空中连翻儿个跟头，然后脑袋冲下，一头栽到了地上。

小华赶紧跑过去，把零国王扶了起来："零国王，不要紧吧？"

零国王晃了晃脑袋："倒是还不要紧，就是眼前乱冒金花。"

小华知道零国王这一下摔得不轻："零国王，你这么大块头，怎么让小小的跳蚤给弹上了天呢？"

"嗨！表面看我块头挺大，其实我没有重量，别忘了我是零呀！"

"嘻嘻！"跳蚤站在一旁非常高兴，"零国王，你上当了吧！和我斗，你还差点！"跳蚤说完一蹦一跳就要走。

零国王急了，大喊一声："可恨的跳蚤，你往哪里跑！"说完挺剑追了过去。跳蚤不慌不忙转过身来，冲着追来的零国王"阿嚏"打了一个喷嚏。跳蚤这一个喷嚏不得了，气流把零国王冲出去老远。零国王站立不稳，一屁股坐在了地上。

"嘻嘻……"跳蚤得意极了，冲着零国王摆摆手说，"连我打个喷嚏，你都经受不住，还想跟我斗？再见吧！"跳蚤扭头就走。

零国王气得双目圆睁，暗暗摘下挂在腰间的乘法钩子，大吼一声："可恶的小跳蚤，你往哪里跑！"几步蹿了上去，用乘法钩子钩住了跳蚤的上衣，喊了一声："变！"再看，跳蚤不见了。

小华问："跳蚤哪儿去了？"

零国王笑嘻嘻地说："让我给乘没了。"

"你连跳蚤也能乘没了？"

"我可以把任何东西乘没了。哈哈……"零国王得意极了。

突然，一个黑糊糊的小家伙从门缝里钻了进来，"噌"的蹦，就跳到了零国王的头顶上。

小家伙站在零国王头顶上细声细气地问："零国王，好久不见了，近来可好啊？"

零国王吃了一惊，双手在头上乱抓，高喊："不好了，又进来一只跳蚤！"

速算专家数8

黑糊糊的小家伙双手叉腰，站在零国王的光头顶上，满脸不高兴的样子："谁是跳蚤？你睁开眼好好看看我到底是谁？"

零国王也双手一叉腰："你总待在我头顶上，我知道你是谁？"

"好，好，我跳下来，叫你仔细看看。"说完，小家伙"噌"的一声跳到了地上。

零国王定睛一看，高兴地说："噢，是小数点呀！咱们可是好久没见面了。"

小数点左右晃了晃说："可不是。咳，零国王，今天我带你去看个热闹，走！"小数点说完，也不管零国王是否同意，拉着零国王就走。

零国王拉着小华："走，你也一起去看看热闹。"

小数点拉着他们来到一座舞台的前面。舞台上面挂着一幅横幅，上写"看谁的本领大"。两个块头大小差不多、个子高矮也差不多的数，在台上比试武艺。

两个数你一拳我一脚，打得好不热闹。台下观众也一个劲儿地叫好。

零国王一眼就认出来了："这不是54和55嘛！这两个数比试武艺，谁也别想赢。"

小数点得意地摇晃着脑袋说："我想叫谁赢，谁就能赢，你们信不信？"

"不信！"零国王伸手往台上一指说，"我想让54赢。"

"不信不要紧，看我的吧！"小数点三蹿两跳上了舞台。他往55的两个5之间一站，"呼"的一声，55立刻缩小为原来的$\frac{1}{10}$，变得又矮又瘦了。零国王惊呼："小数点把55变成5.5了。"

5.5大叫："唉呀，我怎么变得这么小了？"

"哈哈！"54一伸手就把5.5抓了起来，高高举过头顶，"你认不认输?"

5.5 赶紧说："认输，认输。你可千万别把我扔下台去。"

54 把 5.5 放到台上，小数点趁机从 5.5 中溜了出来。"呼"的一声，5.5 又长高成 55。尽管 55 心里不服，可是也弄不清这是怎么一回事，只能低头认输。

下一个比赛项目是"看谁算得快"。比赛刚一开始，只见个数举着一个大木牌子走上了舞台。大家见他牌子上写着 4 个大字"速算专家"。

零国王一眼就看出来了，上台的是数 8。零国王点点头说："嗯，数 8 计算能力很强，是个速算好手！只是脾气不太好，爱发火！"

数 8 把木牌立好，对台下观众说："我的快速计算，赛过电子计算机。哪位不信，可以上台试试。"

"我去凑个热闹。"小数点又跳上了舞台，冲着数 8 一点头说，"我来试试。"

"好极了！"数 8 拿出一块黑板对小数点说，"请你在黑板上随便写出 3 个两位数。"

小数点拿起粉笔在黑板上写了 62、23 和 18。

数 8 拿起粉笔说："我也写 3 个两位数。"说完写出 37、76 和 81。他把这 3 个数写在下面一行。

小数点弄不明白："写出 6 个两位数干什么？"

"把这 6 个数相加，看谁算得快。"数 8 从口袋里掏出一个计算器问，"你要不要计算器？"

小数点把脑袋一扭说："哼，你也太小瞧我啦！算这么 6 个数，还要用什么计算器！我口算，你知道大家都叫我什么吗？"

数 8 摇摇头："不知道。"

"大家都叫我'一口清'，也就是说，不管你有多少个数相加，我一口气就能把它们的和算出来！"小数点把头向上一仰就算了起来，"62

加 23 得 85，85 加 18 得……"

"停！"小数点刚做了一次加法，数 8 就叫他停下来。

小数点忙问："为什么叫我停下来呀？"

数 8 笑了笑说："我已经算出来了，结果得 297。"小数点不信，接着算，其和也得 297。

"嗯？真神啦！"小数点不服气，又连算了两次，结果数 8 算得一次比一次快；小数点连一次加法也没做出来就输了。

数 8 笑嘻嘻地拍着小数点的头，问："怎么样？服不服？"

小数点无可奈何地点了点头："我算服了你这位速算专家啦！"

"小数点，小数点，你快过来！"

小数点回头一看，是小华在叫他。他向数 8 招招手，就一蹦一跳地找小华去了。

"什么事？"小数点问。

"你上当啦！数 8 根本不是用你那种算法，他在骗你哪！"

"骗我？我怎么没觉察出来呀！"

"咳！你连做了 3 次，每次结果都是多少？"

"都是 297 呀！"

"按数 8 的做法，不管算多少次，结果都是 297。"

小数点用力拍了一下自己的脑袋："看来我真被他骗了！小华，你给我讲讲其中的道理。"

"数 8 是利用了 99 的性质，6 个这样的两位数相加，恰好等于 3 个 99 之和。99×3＝297。"小华揭穿了数 8 玩的把戏。

"你再说详细点儿，他怎么能恰好凑成 3 个 99 呢？"小数点还不大明白。

"关键是数 8 后写的 3 个两位数。他是根据你先写的 3 个两位数来写的。比如，第一次你写的是 62、23 和 18。数 8 心里做了减法。"小华在地上写出：

$$99-62=37, 99-23=76, 99-18=81。$$

小华指着算式说："数 8 紧接着写出了 37、76 和 81，这 6 个数之和肯定等于 3 个 99 之和喽！"

"嗯，是这么回事！"小数点眼珠一转说，"看我怎样治他！"

小数点趴在小华耳朵上小声嘀咕了几句。小华笑着点了点头。

数 8 在台上还一个劲儿地嚷嚷："谁要不服我这个速算专家，请上台来继续比试。"

小华跳上了台，拿起粉笔写了 99、88 和 77 三个两位数。数 8 也不怠慢，接着写出了 00、11 和 22。

数 8 立刻答出："和为 297，对不对？"

小华摇摇头说："不对！和为 277.2。"

"什么？和数是个小数！"数 8 回头一看，吓了一大跳，黑板上明明写的是 22，怎么一会儿的工夫却变成了 2.2！

台下观众大声起哄："噢，速算大师不灵喽！""速算大师算错喽！"

数 8 低头一琢磨，明白了其中的奥秘。他伸出双手向 2.2 中间的小数点抓去："好啊，小数点，是你跟我捣乱！"

小数点迅速从 2.2 中间跳了下来，一边跑一边笑："哈哈，速算大师是个吹牛皮的骗子，不灵啦！不灵啦！"

数 8 发火了："我不抓住你小数点，誓不罢休！"说完撒腿就追。

追杀小数点

小数点在前面跑，一边跑一边喊："救命啊！"

数 8 在后面紧追，一边追一边叫："看你往哪里跑！"

突然，从旁边杀出一个数来，手持长刀拦住了数 8，大喊："你竟敢追杀小数点，吃我一长刀！"说完挺长刀就砍。

数8低头躲过长刀，一看原来是6.7在帮小数点的忙。

小数点在旁边一边鼓掌，一边夸奖："6.7够朋友！"

数8双手用力一推，把数6.7推到了一边，用手一指小数点："小数点，你休想逃！"

小数点不敢怠慢，撒腿就跑："坏了，6.7拦不住他。"

突然，跑来一个一眼望不到头的数0.676767…拦住了数8。

这个数像一座绵延万里的长城，把数8和小数点隔开。

这一下数8可没办法了。他望着无限伸展的0.676767…感叹地说："这个数没完没了，可怎么办？"

小数点在另一边可高兴了，他拍着手说："哈哈，0.676767…是个无限循环小数，你哪里找得着他的尾巴呀？再见啦！"小数点一溜烟似的跑没了。

"这可怎么办哪？这可怎么办哪？"数8过不去，急得原地直打转。突然，数8在光秃秃的大脑袋上连拍三掌："有了，我要以其人之道还治其人之身！"说完数8一溜烟向相反方向跑了。

没过多会儿，数8也拉来一个无限循环小数0.323232…这个无限循环小数摘下腰上的加法钩子，一下子钩住了0.676767…两个无限循环小数做了一次加法：

$$0.323232\cdots + 0.676767\cdots$$

"噗"的一股白烟过后，0.323232…和0.676767…都不见了，出现在数8面前的是他俩的和0.999…接着又是"噗"的一股白烟过后，0.999…也不见了，站在数8面前的却是威风凛凛的1司令。

数8高兴地举着双手："哦，成功喽！无限循环小数变没喽！可以继续追赶小数点了。"说完就朝小数点逃走的方向追去。

"站住！"1司令一声怒吼，吓得数8一哆嗦。

数 8 壮了壮胆说："叫我干什么？你是奇数军团的司令，你管不着我们偶数！"

1 司令脸色气得通红，大声叫道："我是奉零国王之命去寻找 $\frac{1}{10}$ 国王。$\frac{1}{10}$ 国王没找着，你却把我变到了这儿，误了零国王的大事，你负得起这个责任吗？"

"你没找到 $\frac{1}{10}$ 国王，说明你没本事，和我有什么关系？"数 8 和 1 司令你一句我一句，针尖对麦芒，互不相让地吵了起来。

零国王和小华也赶了上来。零国王喝令数 8 和 1 司令停止争吵。

零国王生气地说："吵什么？都是正整数，在这儿大吵大闹，成何体统？"

数 8 首先告状："我找小数点算账，无限循环小数 0.676767…出来拦住了我，硬是不让我过去。我灵机一动，请来了 0.323232…和他做了个加法，得到 0.999…我知道 0.999…＝1，这样一来，就能把无限循环小数变没了，我就可以继续去追小数点。

小华在一旁说："小数点只是和你开了个小小的玩笑，何必当真呢！"

数 8 可是不依不饶："追不上小数点，我誓不罢休！"

1 司令指着数 8 的鼻子："你也太不讲理了！"

"我就是不讲理！"数 8 趁 1 司令不注意，一下子抽出了 1 司令的指挥刀，"刷、刷"两刀把 1 司令从头到脚均匀地切成了 3 段。1 司令直挺挺地倒在了地上，"噗、噗、噗"连冒 3 股白烟，1 司令的每一段先变成 $\frac{1}{3}$，接着又一股白烟，3 个 $\frac{1}{3}$ 变成 3 个 0.333…这 3 个无限循环小数并排在一起，像 3 堵墙挡住了数 8 的去路。

零国王双手一摊："得！你把 1 司令砍成了 3 段，变成了 3 堵墙，数 8 你更过不去了。"

数 8 气呼呼地说："你等着瞧，我去搬救兵！"

李毓佩
数学科普文集

没待一会儿，数 8 拉着 $\frac{1}{10}$ 国王跑来了。数 8 一边跑一边自言自语地说："我请来了神通广大的 $\frac{1}{10}$ 国王，看你无限循环小数还能不能挡我的道路！"

没想到小数点也搬来了援兵，是小数国的 0.1 国王。

零国王双手用力一拍："$\frac{1}{10}$ 国王和 0.1 国王要见个高低，这下子可有热闹看啦！"

两个国王斗法

数 8 指着小数点说："就是他欺负我！"

$\frac{1}{10}$ 国王二话没说，抽出腰间的佩剑，直奔小数点杀来。

小数点赶快躲到 0.1 国王的身后，一个劲儿地央求："快救救我吧！"

"用不着害怕，看我的吧！"0.1 国王抽出指挥刀喊了声，"来人，给我挡住！"随着 0.1 国王的命令，无限循环小数 0.787878…迅速跑了过来，挡住了 $\frac{1}{10}$ 国王的去路。

数 8 大嘴一撅说："又过不去了！"

$\frac{1}{10}$ 国王微微一笑："不用着急，我这儿有件法宝——等号变换器。"说着从怀中取出一个大等号来。$\frac{1}{10}$ 国王双手把大等号举过头顶，大喊一声："变！"无限循环小数 0.787878…就像着了魔一样，一下子被等号变换器从一头吸了进去，"啪"的一声，从等号变换器中掉出来的却是一个分数——$\frac{78}{99}$。

小数点捅了 0.1 国王一下说："坏了，0.787878…让他的等号变换器变成了分数 $\frac{78}{99}$ 啦！"

0.1 国王怒不可遏，他把指挥刀一举，大喊："再上来一个！"话音刚落，只见 0.7321321321…拖着无限长的尾巴跑过来，横在数 8 面前。

$\frac{1}{10}$ 国王不敢怠慢，忙举起等号变换器，只听"吱"的一声，0.7321321321…被等号变换器的一端吸了进去，从另一端掉出来的却是 $\frac{7321-7}{9990}$。

零国王指着等号变换器问："这个玩意儿怎么这么厉害？"

小华对零国王解释说："这个等号变换器是使用循环小数可以化分数的原理制造的。刚才它把纯循环小数 0.787878… 化为 $\frac{78}{99}$；把混循环小数 0.7321321321… 化成为 $\frac{7321-7}{9990}$。"

"$\frac{1}{10}$ 国王，你不要欺人太甚！" 0.1 国王挥舞指挥刀直奔 $\frac{1}{10}$ 国王杀来。

$\frac{1}{10}$ 国王举剑相迎，口中叫道："难道我怕你不成！"

两位国王一个使刀一个使剑，"乒乒乓乓"打在了一起。一个刀法娴熟，另一个剑术高超，杀了半天也难分出个上下高低。

两个国王正杀得起劲，忽听有人大喊："$\frac{1}{10}$ 国王，快来救救我，把我变回去呀！"

$\frac{1}{10}$ 国王虚晃了一剑，跳出圈外，对 0.1 国王说："你先等我一会儿，我去看看谁叫我，回头再和你拼杀！"

$\frac{1}{10}$ 国王提着剑循声找去，发现是 3 个 0.333……在喊他。

$\frac{1}{10}$ 国王问："叫我干什么？"

3 个 0.333… 说："请用你的等号变换器把我们给变回去吧！"

"嗯……我只能变一个数。你们先做个加法，变成一个数，然后我再把你们变成分数。"

"好的！"其中两个 0.333…，掏出了加法钩子，依次钩好成为：

$$0.333\cdots+0.333\cdots+0.333\cdots$$

说一声"变"，3 个 0.333…马上不见了，变出来的是 0.999…

奇妙的数王国　李毓佩
数学科普文集

$\frac{1}{10}$ 国王大喊一声："好！"双手高举起等号变换器把 0.999… 从一端吸进去，另一端掉出来的先是 $\frac{9}{9}$，接着"噗"的一股白烟，白烟过后，1 司令出现在大家面前。

1 司令一把拉住 $\frac{1}{10}$ 国王："零国王叫我找你，我到处找你也找不到，你跑到哪儿去啦？"

$\frac{1}{10}$ 国王说："我听人家说，有个精灵叫做小数点，个头虽小却神通广大。我想找到小数点，跟他学两手！"

"嗨！"1 司令一拍大腿说，"你到哪儿去找小数点？小数点就在这儿！"

$\frac{1}{10}$ 国王听说小数点就在这儿，忙问："小数点在哪儿？小数点在哪儿？"

小数点蹦到国王面前，用手指着自己的鼻子说："远在天边，近在眼前！"

"啊，你就是小数点！"$\frac{1}{10}$ 国王赶紧向小数点鞠了一大躬说，真对不起，我只听数 8 说，有个小黑家伙欺负他，叫我来帮帮忙，谁料想数 8 追杀的正是您！"

小数点摇晃着大脑袋说："没什么，不打不成交嘛！$\frac{1}{10}$ 国王，你找我有什么事？"

$\frac{1}{10}$ 国王恭敬地说："我们分数王国的臣民都想学会变分数为小数的本领。可是，化分数为小数缺了您小数点可就没办法啦！想请您到我们分数王国去做客，不知您是否愿意去？"

还没等小数点回话，0.1 国王一把就将小数点拉了过去。0.1 国王气急败坏地冲着 $\frac{1}{10}$ 国王嚷道："小数点是我们小数王国的命根子，你们想把他请去，没门！"说完拉着小数点一溜烟似的跑了。

$\frac{1}{10}$ 国王懊丧地挥了挥右手："学点本领可真不容易啊！"

忽然，传来闷雷似的隆隆声。零国王大惊失色，忙问："听，这是什么声音？"

大地震之后

随着闷雷似的隆隆声，大地开始抖动，人们东倒西歪站立不稳。

小华大喊一声："地震，快趴下！"听小华这么一喊，呼啦一下全趴在了地上。

大地抖动了几分钟，慢慢平静下来了。

零国王抬起头来问："这次地震的中心在哪儿？"

数8打听一下，回来向零国王汇报："地震中心在小数王国的首都——小数城。"

"啊，0.1国王和小数点刚刚回去！"零国王很担心他俩的安全。

突然，1司令一拍大腿说："坏啦！小强还在小数城寻找 $\frac{1}{10}$ 国王哪！"

小华一听哥哥在小数城，二话没说，撒腿就往小数城跑去。零国王命令大家带好药品和食物，紧急赶往小数城救灾。

小华一口气跑到了小数城，只见小数城里房倒屋塌，满目疮痍，成了一片废墟。小华看了，心里很不是滋味。突然，从王宫方向传来了一阵哭声。小华循声望去，只见0.1国王正坐在倒塌的王宫前号啕大哭。

小华忙走上前劝说："请国王不要这样伤心。王宫倒了可以重建，一切都会好起来的。"

"房子可以重建，可是我的小数臣民震得有的变了形，有的缺胳膊，有的断腿，都成了残废。这可怎么办哪？"0.1国王说完又张开大嘴哭了起来。

小华急中生智，连忙用手捂住0.1国王的嘴问："你先别哭，我问问你，你看见我哥哥小强了吗？"

0.1国王点点头说："看见倒是看见了，看见了你哥哥有什么用！"

奇妙的数王国　李毓佩
数学科普文集

"唉，0.1国王，这你可说错了。我哥哥数学特别好，给小数治病可是十拿九稳的呀！"

0.1国王听小华这么一说，擦了把眼泪，一骨碌就爬了起来，拍了拍屁股上的土，拉着小华的手说："走，找你哥哥去！"

很快，在王宫的后面就找到了小强。小华高兴地抱住小强说："哥，你没事吧？"

小强笑着摇了摇头说："没事儿！"

0.1国王站在高处，扯着嗓子喊："受伤的小数臣民们，小强大夫给你们治病来啦！谁要治疗快排好队！"话音未落，坐着担架的、由别的小数揽着的、挂着拐杖的、缠着绷带的，来了一大群伤残小数。

"开始看病。"小强一回头，看见已经有4个病号站在面前，他们是 $0.\overset{\cdot}{4}5$、$.\overset{\cdot}{3}5$、$\overset{\cdot}{3}4\overset{\cdot}{3}$、6.6.1。

小强一看，这4个是轻病号。身体各部分器官没多没少，数字的次序也没颠倒，只是小数点被震错了位，弄得不像个小数的样子。

"这病好治。"小强拉过 $0.\overset{\cdot}{4}5$ 说，"表示循环节的点放在4头上，可就什么意思都表示不了啦，移到5的头上就对了。"说着，小强把 $0.\overset{\cdot}{4}5$ 变成了 $0.4\overset{\cdot}{5}$。$0.4\overset{\cdot}{5}$ 非常高兴，他像孔雀开屏一样，亮出了自己无限循环的尾巴——0.4555…，又漂亮，又精神！

小强又拉过 $.\overset{\cdot}{3}5$ 说："你的毛病是小数点被震得向前移了一位，我给你放回去。"$.\overset{\cdot}{3}5$ 变成3.5后，活蹦乱跳地走了。

第三个病号是 $\overset{\cdot}{3}4\overset{\cdot}{3}$。小强端详了一会儿，一拍脑袋说："你的小数点被震到上面去了，拿下来就是了。"他把 $\overset{\cdot}{3}4\overset{\cdot}{3}$ 变成为 $3.\overset{\cdot}{4}\overset{\cdot}{3}$。$3.\overset{\cdot}{4}\overset{\cdot}{3}$ 也亮出自己无限循环的尾巴3.434343…

最后一个病人6.6.1却把小强难住了。小强愣了半天，不知该怎么办好。0.1国王着急地说："你快给他治呀！"

"他的病不好治。"小强挠了挠头说，"他原来可能是 $6.6\overset{\cdot}{1}$，也可能是 66.$\overset{.}{1}$，我说不准是哪一个。"

0.1 国王拍了拍小强的肩头："你只管大胆地治，出了问题我负责。"

"好吧！我来试试。"小强拿起两个 6 之间的小数点，小心地放到了 1 的头上，变成了 66.$\overset{.}{1}$。小强刚刚放好，66.$\overset{.}{1}$ 像触电一样跳了起来。他又唱又跳，活像个疯子，直向小华扑来。

小华吓得大叫一声："救命！"撒腿就跑。说时迟那时快，只见 0.1 国王迅速从腰间摘下乘法钩子，飞快地钩住了 66.$\overset{.}{1}$ 的腰带，立刻组成一个算式：66.$\overset{.}{1}$×0.1。一股白烟过后，站在大家面前的是异常安静的 6.6$\overset{.}{1}$。他很有礼貌地展开了无限循环的尾巴 6.6111…

0.1 国王笑嘻嘻地对小强说："我们小数有个毛病，你给他安错了小数点的位置，他会有一些特殊的表现：如果你给他错误地扩大了 10 倍，他会过于兴奋，又唱又跳，高兴得不得了；反过来，如果你给他错误地缩小 10 倍，他会非常悲伤，又哭又号，难过得很哪！"

"实在对不起，我不知道你们小数有如此丰富的感情。"小强抱歉地说，"我应该移动 6 和 1 之间的小数点才对。

"没关系！"0.1 国王满不在乎地说，"一切由我处理，如果扩大 10 倍错了，我就和他做一次乘法；如果缩小 10 倍错了，我就除他一下。"

这时用担架抬来一个小数 123.，这是一个重伤号！

小强说："你的小数点怎么跑到后面去了？"

他叹了一口气说："我原来并不是这样的。地震时把我从 10 楼甩了出去，数字和小数点都摔散了架啦！别的数随便给我凑成了这个样子，浑身上下难受极了。"

小强问："还记得你原来有什么特征吗？"

123.回答："有 1、2、3 这 3 个数字，还有一个小数点，至于怎样排法，全忘了。"

"一点儿线索也提供不了，这可麻烦啦！"小强扳着指头边数边说，

"他原来可能是 12.3，也可能是 2.13，还可能是 32.1，……我算一算啊！嗯……一共有 12 种可能，这可让我怎么个治法？"

0.1 国王拍了拍小强的肩头笑着说："你是大夫，你拿主意！"

小强用手拍了拍前额说："我需要先调查一下。请把那天看楼门的和巡逻的小数找来。"

0.5 挂着拐杖，一瘸一瘸地走过来说："那天晚上我守楼门口，从外面跑来一个数，说是到 10 楼值班。他站在暗处，我没看清他是多少。"

"他直接上楼了吗？"

"没有，他和我开了个小玩笑。他偷偷伸出乘法钩子钩住了我，和我做了一次乘法。"

"乘积是多少？"

"记不清楚，只记得乘积的末位数是 0。"

"还记得乘积是几位数吗？"

"记得，是三位数。"

"太好啦！"小强高兴极了，用力拍了 0.5 的肩头一下，痛得 0.5 "哎哟哎哟"地直叫。

0.1 国王问："怎么个好法？"

小强说："我们可以先不考虑小数点的位置，只考虑数字排列的先后次序。根据 0.5 提供的情况，原数必须是按 132 排列的。"

"为什么？"0.1 国王没弄明白。

"因为乘积的个位数是 0，而 1、2、3 中，只有 2 是偶数，所以 2 必然排在最后。"

"说得有理。往下呢？"

"3 不能排在最前面，否则 3 和 5 相乘得 15，乘积会是四位数。所以，原数排列的顺序必然是 132。"

"那么小数点在哪儿呢？"

"我还要再做个调查。"小强回过头问,"那天晚上谁巡逻?"

"是我。"0.9头上缠着纱布站出来回答说,"那天晚上我在院子里巡逻,看见一个数飞快地往楼门口跑。我怀疑他不是好人,赶紧掏出乘法钩子钩住了他。一问,才知道他是忙着到10楼去值班。"

"你们俩的乘积是多少?"小强不放过一点线索。

"乘积是两位整数,两位小数。其中整数部分的两个数字一样,小数部分的两个数字相同。"

小强猛地一拍大腿:"问题解决啦!只要列个算式,一切就都明白了。"说完小强列出一个算式:

$$13.2 \times 0.9 = 11.88。$$

"原数是13.2。"小强说完,把123.重新组成了原来的样子——13.2。13.2跳下担架,向小强鞠躬致谢。

就这样,小强与小华一起把小数城受伤的臣民都治好了。0.1国王为他们哥儿俩开了庆功会,还送给他俩一面锦旗。

这时,零国王、1司令等人带着大批救援物资也赶到了。0.1国王率领全体小数欢迎零国王。

0.1国王问:"怎么 $\frac{1}{10}$ 国王没来呀?"

" $\frac{1}{10}$ 国王说回分数王国调点物资,一会儿就来。"零国王边说边和欢迎的小数握手。

突然, $\frac{1}{7}$ 连滚带爬地跑来:"报告零国王,大事不好了, $\frac{1}{10}$ 国王又不见啦!"

奇妙的数王国　　李毓佩
数学科普文集

长着尾巴的怪东西

大家听说 $\frac{1}{10}$ 国王又丢了，一个个都傻了眼。零国王对小强说："没有别的办法，只好请你给找一找啦！"

小强问："你们分数王国最近来过什么客人吗？"

$\frac{1}{7}$ 摇摇头说："没人来呀！"

小强又问："有什么数外出吗？"

"嗯……有，有。前几天，$\frac{1}{100}$ 说出趟远门办件事，原来请假说10天才能回来，可是他7天就跑回来啦！"

小强想了想说："请把 $\frac{1}{100}$ 找来。"

$\frac{1}{7}$ 走出不久，又慌慌张张跑了回来："真奇怪，$\frac{1}{100}$ 也不见了。"

小强对零国王说："作案的家伙善于变化又诡计多端，咱们的动作要快，要以快制变。"说着列出了5个算式，并算出答案：

$$\frac{1}{10} + \frac{1}{100} = \frac{11}{100};$$

$$\frac{1}{10} - \frac{1}{100} = \frac{9}{100};$$

$$\frac{1}{10} \times \frac{1}{100} = \frac{1}{1000};$$

$$\frac{1}{10} \div \frac{1}{100} = 10;$$

$$\frac{1}{100} \div \frac{1}{10} = \frac{1}{10}。$$

列出这几个算式干什么？大家都感到莫名其妙。

小强解释说："提前回国的 $\frac{1}{100}$ 是个可疑的人物。现在 $\frac{1}{10}$ 国王与 $\frac{1}{100}$ 同时失踪，很可能是用运算钩子钩住了 $\frac{1}{10}$ 国王，强行做一次运算，使他们变成了一个新数。"

大家点头，觉得小强分析得有道理。

小强又说："$\frac{1}{10}$ 和 $\frac{1}{100}$ 进行四则运算，只能有我写出的这 5 种。1 司令，请带几名士兵去查找一下，在 $\frac{11}{100}$、$\frac{9}{100}$、$\frac{1}{1000}$、10 这 4 个数中，如有两个相同的，就立刻同时抓来。"

"好的。"1 司令转身带着 10 名士兵走了。

没过多久，只听到"快走、快走"一阵吆喝声，1 司令押来两个一模一样的 $\frac{11}{100}$，大家见了都很惊奇。

小强指着两个一模一样的 $\frac{11}{100}$ 对大家说："这里有一个是真的，另一个是假的。"究竟谁真谁假，在场的都分辨不清。

小强小声在 1 司令耳边说了几句话。1 司令对两个 $\frac{11}{100}$ 说："你们俩谁是假的，快站出来！"

两个 $\frac{11}{100}$ 都一动不动地站在那里。

1 司令"刷"的一声抽出佩剑，剑尖向上一举喊道："不承认，全部枪毙！"士兵立刻把枪口对准两个 $\frac{11}{100}$。

突然，一个 $\frac{11}{100}$ 把对准他的枪口往上一推，自己倒地一滚，一股白烟过后，从地上站起一个圆溜溜的家伙，一溜烟逃跑了。奇怪的是在他后面还拖着一条向上翘起的小尾巴，随着他的跑动，小尾巴不停地左右摆动。咦，这是一个什么怪东西？

大家正惊讶，只听有人坐在地上喊："哎哟，快把我扶起来呀！"

大家仔细一看，原来是 $\frac{1}{10}$ 国王坐在地上。

零国王关心地问："$\frac{1}{10}$ 国王，你到哪儿去啦？"

"唉，别提啦。" $\frac{1}{10}$ 国王拍拍身上的土说，"我回国准备调运点儿物资救援小数国。走在路上，忽然有人在我肩上轻轻拍了下。我回头一看，是 $\frac{1}{100}$。咦？ $\frac{1}{100}$ 不是请 10 天假去办事，怎么这么快就回来啦？

奇妙的数王国　　李毓佩
数学科普文集

我刚想问问他，$\frac{1}{100}$ 冲我一笑，飞快地用加法钩子钩住了我，我一下子就晕了过去。"

零国王焦急地问小强："怎样才能抓住这家伙？"

"不用着急，他的狐狸尾巴已经露出来啦！"小强低头沉思后，附在数 8 的耳边说了几句话，数 8 点点头就急忙走了。

不一会儿，数 8 写了一张告示贴了出来，告示上写着：

数公民们：

今晚在大操场摆设擂台，比试一下谁最善于变化，欢迎参加。

天还没全黑，大操场上已经是数山数海了。$\frac{1}{10}$ 国王宣布比赛开始。数 8 第一个跳上了台，他紧握双拳向自己头上用力一砸，只听"咔嚓"一响，数 8 开始解体，先变成 2×4，接着又变成 $2 \times 2 \times 2$。台下一片喝彩声。

小华对哥哥说："他们所谓变化，就是把一个数变成几个质因数的连乘积。"小华的话音刚落，数 $\frac{1}{8}$ 跳上了台，他向大家抱拳说："我和数 8 互为倒数，他变完了，该看我的啦。"

$\frac{1}{8}$ 刚要变化，忽听台下喊："慢着，要练咱俩一起练。"只见又一个 $\frac{1}{8}$ 跳了上来。大家惊呼："怎么会有两个 $\frac{1}{8}$？"

小强早在暗处盯着哪！他见又上来一个 $\frac{1}{8}$，用手一指新上来的 $\frac{1}{8}$ 大声说："快把他抓住！"数 6 疾步向前，伸手就抓，眼看抓住，谁知这个 $\frac{1}{8}$ 围着数 6 转了一圈，转眼间台上出现了两个数 6。

怎么办？小强皱了一下眉头说："将两个数 6 都抓起来！"数 5 和数 4 应声上来，一个人抓一个。数 5 伸手抓住数 6，而这个数 6 反手抓住数 5，两个数一用力，大家再一看，怪了，明明是数 5 和数 6，瞬间却变成了两个数5，他们互相扯在一起。

"好！"台下叫好声连成一片，都称赞这个不知名的神秘数变化无穷，技高一筹。

零国王疑惑不解，忙问小强："这个善于变化的数，你看是不是就是那个长着尾巴的怪家伙？

小强微笑着对零国王说："就是那个长着尾巴的怪家伙。不过，他不是你们数家族中的一员，而是个特殊的人物！"

零国王一愣，忙问："这个特殊人物是谁呢？"

撩开特殊人物的面纱

小强见零国王对这个特殊人物很感兴趣，就问："你想见见这个特殊人物吗？"

"当然想见喽！快让我见见他嘛！"零国王真有点急不可待了。

小强趴在零国王耳边小声嘀咕几句。零国王点点头，心领神会，只见他把右手的拇指和食指捏在一起，放在口中吹了一个很响的口哨。这是整数王国紧急集合的暗号，所有的正整数听到这个暗号，立刻排成两队：一队是以1司令为首，接下去是3，5，7…这是奇数军团；另一队是2司令打头，接下去是4，6，8…两队排列整齐，气势雄伟。这时，只见一个数5，先是傻愣愣地站在那儿，看着其他正整数忙于站队。等大家都站好了，他才醒悟过来，忙着去找自己的位置，跑到3和7之间，发现已经有一个5站在那儿；再往这个5的脸上一看，只见这个数5双目圆睁，满脸杀气，吓得他倒退好几步。

他一想，自己充当数5是不成了。他立即来了个前滚翻，站起后变成了数8，又忙着往6和10之间站，但发现那儿也早有个数8站好了位置。他一连变了几次，几次都失败了。

"哈哈……"小强笑着说，"字母 a，你就别再变了，快亮出本相给大家看看吧！"

这个善于变化的特殊人物见无计可施，一个翻滚，站起来的是字母 a。

大家议论纷纷，有的说："你看他的尾巴多美丽呀！还向上翘着。"有的说："你看他长得多像零国王，只不过多了一条小尾巴！"

小强向大家介绍："这就是字母 a。在数学里，他可是个重要的角色，他想代替谁就可以代替谁。"

"他能代替我吗？"零国王不服气地问，"在数学里，难道他还能比我更重要？"

"怎么能对你说清楚呢！"小强停了一下说，"比如说，我需要找任意两个相邻的自然数，你能找到吗？"

"嗨，这太容易了。"零国王一抬手，奇数军团和偶数军团合成一伙，从 1 司令开始，2，3，4，…一个挨一个排成一行，一眼望不到头。

零国王自豪地说："看吧，自然数全在这儿哪！你是要 3 和 4，还是要 10 和 11，你尽管挑！"

"我要的不是具体的两个相邻的自然数，而要的是任意两个相邻的自然数。懂吗？"小强把"任意"两个字说得很重。

零国王为难地摇了摇头。

看来只有给零国王表演一下了。小强对字母 a 说："你来表示一下任意两个相邻的自然数，好吗？"

"好！"字母 a 倒地一滚变成了两个 a，其中一个 a 拉住 1 司令腰上的加法钩子钩在自己皮带上，出现在大家面前的是 a 和 $a+1$。

小强解释说："当 a 取自然数中任意一个数时，$a+1$ 和 a 表示的就是任意两个相邻的自然数。"

小强的话音未落，a 和 $a+1$ 已经开始变化；一会儿变成 1 和 2，一会儿变成7和8，一会儿变成19和20，……

没想到 a 和 $a+1$ 有这么大的神通变化，大家都看出了神。$a+1$ 摘下1司令的加法钩子，两个 a 一合并，又成了一个 a，大家热烈喝彩。

小强对 a 说："$\frac{1}{10}$ 国王不见了，是不是你干的？"

字母 a 把头一仰，小尾巴向上抬了抬说："不错，$\frac{1}{10}$ 国王是我给变没的。我在路上看到 $\frac{1}{10}$ 国王一个人边走边说，什么零国王啦、0.1国王啦、1司令2司令啦……我心想，这国王和司令都让你们具体数当了，我字母 a 还当什么大官？再说你们能有多大能耐？我又听别的数把他叫什么 $\frac{1}{10}$ 国王，我一气之下先变成 $\frac{1}{100}$，然后用加法钩子钩住 $\frac{1}{10}$ 国王，变成 $\frac{11}{100}$，接着我就大摇大摆进了分数王国，准备把分数王国、小数王国、整数王国都折腾个底朝天……后来的事嘛，你们全清楚了。"

小华走过来拍了拍字母 a 的肩头："整数、分数、小数都是个大家庭，每个家庭也少不了有个头呀！你们 a、b、c、d…26个字母如果选国王，你一定能当选。"

听小华这么一说，字母 a 高兴极了："这么说，我能够当上字母王国的 a 国王喽！哈哈……我要早点回去当国王，咱们再见啦！"说完，他小尾巴一撅一撅地跑走了。

"哈哈……"零国王摘下王冠，摸着光秃秃的头顶笑着说，"真是个可爱的小家伙，如果他能把尾巴割掉，我这个国王可以让他当了！"

大家正在说笑，突然 $\frac{1}{2}$ 慌慌张张地跑来向 $\frac{1}{10}$ 国王报告："国王，大事不好啦！假分数叛乱了！"

"什么？" $\frac{1}{10}$ 国王两眼发直，傻呆呆地站在那儿。

假分数叛乱

$\frac{1}{10}$ 国王听说假分数叛乱了，顿时吓得目瞪口呆。零国王见 $\frac{1}{10}$ 国王傻呆呆地站在那儿，用手推了他一下说："还不回分数王国看看去！"

$\frac{1}{2}$ 在前面带路，零国王、$\frac{1}{10}$ 国王在后面跟着，一路小跑到了分数王国。

两个假分数，一个是 $\frac{3}{2}$，另一个是 $\frac{5}{3}$ 在巡逻。假分数和真分数长相就不相同：假分数个个都长得宽肩膀，细腰，小细腿，给人以强壮、健美的感觉；真分数却长得窄肩膀大肚皮，两腿特别粗壮，像大腹便便的商人。

$\frac{3}{2}$ 和 $\frac{5}{3}$ 每人手里拿着一把鬼头大刀，气势汹汹地拦住了 $\frac{1}{2}$。$\frac{5}{3}$ 用鬼头大刀一指 $\frac{1}{2}$："站住！要搜查一下身上有没有武器才能过去。"

$\frac{1}{2}$ 也不示弱，双手叉腰说："你们假分数不安分守己，竟敢发动叛乱，该当何罪？"

"我们发动叛乱？" $\frac{3}{2}$ 十分不服气地问，"凭什么你们叫真分数？你们真在哪儿？又凭什么叫我们假分数？我们又假在哪儿？"

$\frac{5}{3}$ 把袖子往上一捋："是呀！你们说说，我们到底假在哪儿？说不出来，别想过去！"

$\frac{1}{2}$ 把双拳向空中一举："两个叛贼，看我怎么收拾你们！"

$\frac{3}{2}$ 和 $\frac{5}{3}$ 说了声："上！"两人挥动鬼头大刀直向 $\frac{1}{2}$ 扑来。

突然，有人大喊一声："住手！有能耐咱们来个单打独斗。"大家回头一看，是真分数 $\frac{2}{3}$ 来了。

$\frac{3}{2}$ 看 $\frac{2}{3}$ 来了，大喊一声："来得好！"抡起鬼头大刀，照准 $\frac{2}{3}$ 劈头

盖脑就是一刀。你别看 $\frac{2}{3}$ 长得上小下大，样子挺笨，但是武艺却很了得。只见 $\frac{2}{3}$ 轻轻向旁边一躲，$\frac{3}{2}$ 这一刀就砍空了。$\frac{3}{2}$ 见这一刀没砍着，顺势横着又是一刀，$\frac{2}{3}$ 来了个"缩颈藏头"式，把鬼头大刀躲了过去。$\frac{2}{3}$ 连续躲过 $\frac{3}{2}$ 的三刀，突然抬起右腿，照准的 $\frac{3}{2}$ 后腰踢去，大喊一声："看我神腿的厉害！"一脚把 $\frac{3}{2}$ 踢了个倒栽葱。

$\frac{3}{2}$ 双手扶地，两脚朝天对 $\frac{2}{3}$ 说："好厉害，你还真有两下子！"

$\frac{2}{3}$ 仔细端详倒立的 $\frac{3}{2}$，自言自语地说："奇怪，他怎么倒立时，和我长得一模一样呢？"

小华在一旁解释："这有什么奇怪的，$\frac{2}{3}$ 和 $\frac{3}{2}$ 互为倒数。$\frac{2}{3}$ 翻个个儿就是 $\frac{3}{2}$；反过来，$\frac{3}{2}$ 翻个个儿就是 $\frac{2}{3}$ 嘛！"

忽然，大家听到刀剑相碰的声音，只见 $\frac{2}{5}$ 和 $\frac{7}{5}$ 各举刀剑，边杀边向这边走来。$\frac{2}{5}$ 冲大家喊："你们快躲开，该我们两个斗一斗啦！"

两个人的武艺都不错，刀光剑影杀得好不热闹。突然 $\frac{2}{5}$ 卖了个破绽，$\frac{7}{5}$ 一刀砍空，$\frac{2}{5}$ 大喊一声："看剑！"一剑就把 $\frac{7}{5}$ 斜劈成两半。

小华不敢看此惨状，赶紧把眼睛闭上了。忽然，小华听到嬉笑的声音，他睁眼一看，被劈成两半的 $\frac{7}{5}$ 不见了，站在眼前的是两个一模一样的 $\frac{2}{5}$，还有 1 司令。

小华惊奇地问："这是怎么回事？是不是字母 a 又来捣乱了？"

零国王摇摇头说："没有字母 a 的事。刚才我亲眼看见大半个 $\frac{7}{5}$ 变成了 1 司令，小半个 $\frac{7}{5}$ 变成了 $\frac{2}{5}$，你说怪不怪？"

小强解释说："$\frac{7}{5}$ 可以写成一个整数和一个真分数之和：

$$\frac{7}{5} + \frac{5+2}{5} = \frac{5}{5} + \frac{2}{5} = 1 + \frac{2}{5}。$$

$\frac{2}{5}$ 砍 $\frac{7}{5}$ 这一剑，正好把 $\frac{7}{5}$ 劈成了 1 和 $\frac{2}{5}$ 这两部分。其中一部分就是 1 司令，另一部分是 $\frac{2}{5}$。"

零国王点点头说："嗯，有点意思！"

又跑来两个分数，一个是 $\frac{7}{10}$，另一个是 $\frac{10}{7}$。他们手里都拿着一根木棍。$\frac{7}{10}$ 抢起木棍就打，嘴里喊着："叫你叛乱，吃我一棍！"

$\frac{10}{7}$ 急忙拿棍挡住，嘴里说："不给我们改名，就要起来造反！"两人边说边打，各不相让。

突然 $\frac{10}{7}$ 抢起棍子横扫过去，$\frac{7}{10}$ 毫不退让，也同样抢起棍子横扫过来。"砰"的一声，两根棍子碰到一起，成了个"×"字形。

"噗"一股白烟过后，$\frac{7}{10}$ 和 $\frac{10}{7}$ 都不见了，只见 1 司令从他俩消失的地方爬了起来。

小华跑过去把 1 司令搀扶站好，问："刚才你还在我身后，怎么一眨眼工夫你跑到这儿来啦？"

1 司令掸了掸裤子上的土说："我也弄不清怎么回事。我看 $\frac{7}{10}$ 和 $\frac{10}{7}$ 使棍打得正欢，也不知怎么搞的，我跑到这儿坐着了。"

"$\frac{7}{10}$ 和 $\frac{10}{7}$ 呢？"

"没看见呀！

零国王乐呵呵地跑过来说："我知道是怎么回事。$\frac{7}{10}$ 和 $\frac{10}{7}$ 的两棍相撞，成了个'×'形。这'×'就是乘号呀！"

"噢，我明白了。"经零国王这么一提醒，小华顿时明白过来了。小华说，"$\frac{7}{10}$ 乘以 $\frac{10}{7}$ 恰好等于 1，所以 $\frac{7}{10}$ 和 $\frac{10}{7}$ 同时乘没了，最后乘出来一个 1 司令！"

这时，围拢来的假分数越来越多，他们手执刀枪棍棒，不断呼喊，要求改换假分数的叫法。

零国王出面安抚假分数："请大家安静，有事好商量嘛！你们不叫假分数，而真分数已经有人叫了，那你们想叫什么呀？"

$\frac{8}{7}$站出来说："我们叫'货真价实的分数'！"

"哈哈……"

$\frac{8}{7}$的话引得在场的人哈哈大笑。有的说："你以为买东西哪！要货真价实？"

$\frac{8}{7}$被大众一哄笑，有点不好意思，连忙改口说："那就叫'真真真分数'吧！"

"哈哈……"又是一阵哄笑。有的人议论说："真真真分数，这要叫多了，还不变成了结巴？真真真分数加真真真分数得真真真分数，真真真分数乘真真真分数还得真真真分数，这读起来比绕口令还难！"

小强站出来说："各位听我说两句。中国是使用分数最早的国家之一。早在2000多年以前，中国在计算每个月有多少天时就出现了复杂的分数运算。中国古代主要研究分子小于分母的分数，也就是真分数，形象地把分子叫'子'（儿子），把分母叫'母'（母亲）。后来，由于计算的需要，又出现了分子大于分母的分数。开始人们不习惯这种分数，把这种分数叫假分数。这是历史的误会，现在人们懂得了，你们假分数一点也不假，也是分数王国的成员！"

零国王大声说道："真分数、假分数都是分数，大家不要再为名字争吵了！"

假分数听这么一说，也就不再坚持要求改名字了。

零国王见假分数不再坚持改名字，赶紧说："算了，算了，大家都忙自己的事去吧，没事啦！"

突然，一匹马风驰电掣般地奔来。数8没等马停住，就从马上跳下来，向零国王报告："零国王，大事不好啦！您的纯金大印、狮毛千里马和嵌满宝石的佩刀全丢啦！"

零国王听到这个消息，一句话没说，两眼往上翻，"咕咚"一声摔倒在地上。

侦破盗宝案

零国王一连丢失了 3 件心爱的宝物，当时就急晕过去。在场的人一时慌了手脚，有的给零国王掐"人中"穴，有的捶后背，有的给他揉腿……忙活了好一阵子，零国王才醒过来。

零国王张开大嘴号啕大哭，一把鼻涕一把泪，哭得十分伤心，大家左劝右劝也不管用。

小强与小华商量了一下，对零国王说："你别哭了，我和小华来侦破这桩盗宝案，把盗宝贼抓住，你看好吗？"

听了小强的话，零国王立刻破涕为笑，掏出手绢把鼻涕、眼泪都擦干净："这可太好啦！务必请你们兄弟俩帮忙。俗话说'做官的不能把印丢了'，我把纯金大印丢了，叫我怎么当国王啊！抓住盗宝贼我请客！"

小强、小华及零国王火速赶回王宫，把有关人员都召集来。

小强用目光巡视了一下大家，问道："昨天晚上是谁在宫外巡逻呀？"

数 7 站出来说："是我。"

"昨天晚上 10 点钟有人用运算钩子钩过你吗？"

"有！在晚上 10 点 5 分的时候，我正在宫墙外巡逻。忽听到背后有响动，我急忙回头察看，只见一个黑影伸出了加法钩子钩住了我。忽地一下，我就失去了知觉。"

小强点了点头，又问："昨天晚上又是谁负责给狮毛千里马喂草料的呢？"

数 17 战战兢兢地说："是我。"

"丢马时你在哪儿？

"当时我肚子痛，去了一次厕所，回来时宝马就不见了。"

"好！一定是有人趁你去厕所的机会，变成你数 17 的样子，偷走了宝马。我们来实地表演一下。"说着，小强把数 7 和数 17 叫了出来，"假设我就是那个要找的盗马贼，我用加法钩子钩住你数 7，变成了数 17。"在宫内立刻摆出了一个数学式子：

$$"盗马贼" + 7 = 17。$$

小强高声说："请零国王把盗马贼解出来！"

"好的。"零国王仔细琢磨了一下这个式子说，"只要把数 7 移动到等号右边去就成了。"他摘掉钩在数 7 身上的加法钩子，把数 7 拉到等号右端，又拿起数 17 腰上的减法钩子钩在数 7 身上，变成：

$$"盗马贼" = 17 - 7。$$

零国王大喊一声："变！"立刻看到：

$$"盗马贼" = 10。$$

大家惊呼："盗马贼原来是数 10！"

1 司令带着士兵在人群背后找到了数 10。经过审问，数 10 承认宝马确实是他偷的。1 司令命令士兵给数 10 戴上手铐。

数 7 赶忙上前解释："我虽然和数 10 加在一起变成了数 17，当时我不省人事，我可没参与偷马。"

小强说："你身不由己，没你的事。现在来找盗刀贼。昨天晚上谁在大门口站岗？"

数 4 说："是我。"

"昨晚 12 点钟时，有人用运算钩子钩过你吗？"

数 4 说："我在宫门口站岗，时钟刚刚敲过 12 下，忽听'咔嚓'一声，我回头一看，见一个戴眼罩的人用乘法钩子钩住了我，我立刻失去

奇妙的数王国　李毓佩
数学科普文集

了知觉。"

"谁在一楼值班?"

数 12 站出来说:"我在一楼值班。事情是这样的:昨天晚上我喝了点酒,困得不行。时钟敲 12 下时,我打了一个盹。忽听到门响,我睁开眼一看,只见一个戴眼罩的人腰上挂着一个失去知觉的数进来了。我刚想拿起武器,可是已经来不及了,他伸出减法钩子一下子就钩住了我。以后的事我就不知道了。"

小强说:"以后的事由我来讲:昨天晚上在二楼看守宝刀的应该是数 40,正巧他得了急病到医院去了,盗刀贼就冒充数 40 拿走了宝刀。咱们再列个算式,假设我就是那个盗刀贼,我用乘法钩子左边钩住了 4,用减法钩子右边钩住了数 12。"出现在大家面前的是:

$$4 \times \text{"盗刀贼"} - 12 = 40。$$

零国王急于要知道是谁偷走了他的宝刀,忙跑过来解算:

$$4 \times \text{"盗刀贼"} = 40 + 12;$$
$$4 \times \text{"盗刀贼"} = 52;$$
$$\text{"盗刀贼"} = 52 \div 4;$$
$$\text{"盗刀贼"} = 13。$$

零国王大喊:"好啊!是数 13 偷走了我的宝刀,快给我把他抓起来!"

小华站了出来对大家说:"大家已经看到了我哥哥破案的威力。不管作案人多狡猾,也一定能把他找出来!我看盗金印的贼,还是自首坦白为好。"

小华的话音刚落,数 23 赶忙站出来说:"我坦白,我自首,金印是我偷的。"

小强问:"你把金印藏到哪儿去了?"

数 23 低着头说:"我把金印藏到野牛山上了。"

零国王一听"野牛山",急得一个劲儿地跺脚,连说:"完了!完了!"

四兄弟大战野牛山

小华不明白为什么一提"野牛山"，零国王就喊"完了"。

小华问："零国王，你为什么这么怕野牛山哪？"

"你可不知道啊！"零国王瞪着眼睛说，"野牛山上有一大群野牛。这群野牛个个体大劲足，两只牛角锋利如刀，捅到谁身上，就是两个大窟窿。"

小强摇摇头说："看来，要请几位帮手啦！"

零国王赶紧打听："你说说，要请谁来帮忙？"

小强说："可以请四边形家族来帮帮忙。我听说四边形家族特别愿意帮助人，也特别有本事。他们在前面开路，挡住野牛的攻击，你们就可以上山取回金印。"

"好主意！就这么办。"零国王当机立断，"1司令，你带几名士兵，提着重礼去四边形家族，请他们来帮咱们上野牛山取金印！"

1司令后脚跟一并拢，向零国王行了个军礼，赶紧去执行命令。

没去多久，1司令请来四边形家族的4兄弟：大哥长方形、二哥菱形、三哥平行四边形、老四梯形。

零国王赶紧带队迎接，只见四边形4兄弟仪表堂堂，身高体阔，背厚肩宽，十分高兴，便笑呵呵地说："有劳兄弟4位出马，如能把金印取回，我必有重谢！你兄弟4人一起上野牛山？"

"不用。"大哥长方形长得上下一样宽，摇摇头说，"几头野牛有什么可怕？我一个人上去就必胜无疑！"

零国王高兴地连连点头："好，好。你在前面开路，我派1司令带着奇数军团在后面接应。"

长方形毫不在乎地向大家摆摆手，昂首挺胸直奔野牛山而去。1司令带着奇数军团，排成方形队伍紧跟在后面。

到了野牛山，长方形冲着山上大喊："山上的野牛听着，快把零国王的金印交出来！如敢顽抗，我把你们都宰了，做红烧牛肉！"说完就甩开大步直奔山上去。

长方形没走多远，只听山上"哞"的一声叫，一头褐色的大公牛低着头，两只锋利的尖角对准长方形直冲下来。

长方形不慌不忙把身体一侧，只听"咔嚓"一声，牛角和长方形的一边撞在了一起。长方形真是好样的，那么锋利的牛角撞在他的一条边上，这条边硬是没有半点变形。

大公牛四脚叩地，用力向前顶，长方形用足全力和大公牛对着顶，一时谁也别想前进一步

1 司令指挥奇数军团的全体官兵给长方形助威："长方形加油！""坚持到底就是胜利！"口号声此起彼伏。

长方形和大公牛对顶了足有 5 分钟，这时，大公牛还是牛劲十足，再看长方形头上汗如雨下，已经十分吃力了。

又过了有两分钟，长方形开始不断地喘粗气，身体发出一阵吓人的"咯咯"声。奇数军团的官兵搞不清是怎么回事，瞪大眼睛盯住长方形。突然，长方形向后一歪，先变成了平行四边形，随着四边形越来越扁，最后瘫倒在地上。

"哞——"大公牛一声长叫，低着头直向奇数军团冲来。

"快跑呀！大公牛冲下来了。"

"长方形被大公牛踩扁了，咱们也没命啦！"

奇数军团被大公牛一冲，滚的滚，爬的爬，溃不成军。

突然，有人大喊一声："笨公牛休要撒野，我菱形来啦！"菱形用自己的一个角顶住大公牛的角。

山上又"哞"的一声，跑下一头火红色的大公牛，换下褐色大公牛与菱形顶在一起。

红公牛的角和菱形的角猛力顶在一起，顶得直冒火星。红公牛与菱形僵持不下，5分钟、10分钟、15分钟。奇数军团的士兵重新聚集在一起，为菱形呐喊助威。

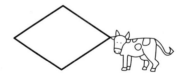

相持快到20分钟了，菱形的4条边开始发出"咯咯"的声响。菱形开始变形；先是身体不断地向后仰，菱形由扁变方；接着又往后仰，身体又越变越扁……

$$\square \Longleftarrow \square \Longleftarrow \diamondsuit$$

这次奇数军团的士兵有经验了，他们一看菱形又要被顶倒，掉头就跑，一边跑还一边喊："菱形又被顶垮了，快点跑吧！"

红公牛把菱形顶倒在地，踏着菱形身体冲了过来，见数就顶，一连顶翻了好几个数。

梯形对平行四边形说："三哥，该你上啦！"

平行四边形哆哆嗦嗦地说："大哥、二哥那么棒的身子骨都没顶住，我上去也是白送命啊！"

"你不上去，我上去！咱们不能给四边形家族丢脸！"说完，梯形"噔噔噔"一个人向山上走去。

红公牛正顶得上劲儿，忽然看见梯形一个人迎面走来，心想又来一个送死的。红公牛"哞"的一声，直向梯形顶去。看得出，红公牛是用足了全身的力气去冲顶梯形的，大家都为梯形捏一把汗。谁想到梯形用坡面迎着红公牛，牛角刚接触坡面就"哧溜"一滑，牛嘴啃在梯形的腰

　　　　　　　　　　　　　　　奇妙的数王国　李毓佩
　　　　　　　　　　　　　　　　　　　　　　　　数学科普文集

上了，把红公牛的嘴撞出一个大包。

红公牛吃了亏哪肯罢休。他后退几步，低下头向梯形又猛冲过去，"哧溜——砰"，红公牛的嘴又重重地撞在梯形的腰上。

"好！"奇数军团的士兵看到红公牛连连受创，高兴得一个劲儿地叫好。

红公牛几个冲击失败，头脑也有点清醒了。他开始琢磨新的进攻方式。红公牛慢慢走近梯形身边，先用牛角把梯形的底边撬起来，然后把梯形顶成一腰着地，再一顶，把梯形顶了个底儿朝天。红公牛看到机会已到，连续后退几步，猛地向梯形顶去。

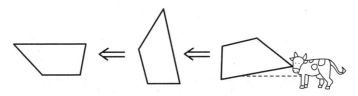

开始，梯形还全力与红公牛抗衡，但是没过多少分钟，身体开始"咯咯"作响。奇数军团的士兵知道梯形不成了，大家又是一哄而散，纷纷往山下跑。果然没过多久，红公牛踏着梯形身体冲过来。红公牛把所有奇数都赶下山，就掉头回去了。

1司令呼哧带喘逃下山来，急向零国王报告："零国王，大事不好啦，四边形的4兄弟中3个壮烈牺牲，1个去向不明！"

"啊！"零国王顿时傻了眼。

三角形显神威

小强一看零国王又两眼发直，忙安慰说："零国王，请别着急。没想到野牛有这么大的力气！不过，还有身体比四边形更结实的图形。"

零国王忙问："是谁？"

"三角形。"小强介绍说，"三角形家族兄弟 3 人：老大锐角三角形、老二钝角三角形、老三直角三角形。别看他们比较瘦，长得也不够匀称，可是个个都长着钢筋铁骨。"

零国王立刻下令："2 司令，你带几名弟兄，抬着礼物去请三角形三兄弟来帮咱们战胜野牛！"

"是！"2 司令赶紧去执行命令。

过了一会儿，2 司令只把老三——直角三角形一个人请来了。

零国王心里不大高兴，皱着眉头问："怎么只请了一个三角形？"

2 司令回答："人家说来一个就足够了。"

"什么？四边形兄弟 4 个，个个长得宽肩厚背，结果是 3 个死 1 个失踪。这个直角三角形也只有长方形的半个大小，来这么个管什么用？"零国王发火了。

直角三角形笑嘻嘻地说："零国王，别小瞧人哪！俗话说'是骡子是马咱们拉出去遛遛'。我这就上野牛山，和野牛比试下给您看。"说完，直角三角形晃晃悠悠地向山上走去。

零国王急令 2 司令带着偶数军团在后面接应。

直角三角形向山上没走多远，忽听"哞"的一声，一头花公牛从山上带着滚滚尘埃，直向直角三角形冲来。直角三角形不慌不忙，用直角边对准花公牛站好，专等花公牛来撞。

"咚"的一声，花公牛的角狠狠撞在直角边上，撞得火星乱冒。

花公牛用足全身力气去顶直角三角形，而直角三角形却像没事儿一样，吹着口哨悠然自得。

10 分钟过去了，15 分钟过去了，20 分钟过去了，花公牛开始大口大口地喘粗气，又过了一会儿，"咕咚"一声，两条前腿跪倒在地上。

奇妙的数王国　李毓佩
数学科普文集

"好啊！直角三角形胜利啦！"偶数军团的士兵齐声欢呼。

"哞！""哞！"两声闷雷般的吼声，褐色公牛和红色公牛一齐由山上扑了下来。两头公牛轮番向直角三角形进攻，"咚！"咚！"牛角撞击直角边的声音不绝于耳，2司令和偶数军团的士兵真替直角三角形捏一把汗。

也不知撞了多少下，两头公牛已经全身冒汗，呼呼直喘粗气。再看直角三角形仍然泰然自若，又开始吹口哨了。

红公牛想起了战胜梯形的办法。他慢慢走近直角三角形的身边，先用角把直角三角形的底边撬起来，然后用力一顶，直角三角形翻了一个滚儿斜边躺在地上。红公牛退后几步，然后用力向直角三角形撞去。由于这时的直角边是向上倾斜，牛角顶上去打滑，所以，红公牛一连几次嘴都啃在直角边上，结果把嘴都碰肿了。

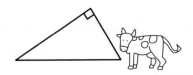

红公牛还不甘心，又把底边撬起，再把直角三角形翻一个滚儿，直角三角形用斜边对着他。红公牛发现，这斜边更不好顶。而直角三角形呢，不动声色，任凭红公牛来回翻动。

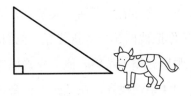

两头公牛对直角三角形实在无计可施，只得夹着尾巴败回山去。

"好呀！大公牛斗败喽！""三角形真是好样的！"偶数军团中发出阵阵欢呼声。

直角三角形带领偶数军团直奔山顶走去，路上偶尔遇到几头牛，他们一看见直角三角形，掉头就走。大家顺利来到山顶，在山顶上一块突出的岩石上，找到了零国王的金印。

2 司令手捧金印下了山，零国王那个高兴劲儿就别提了，又是唱歌又是跳舞，逗得大家哈哈大笑。零国王拉着直角三角形的手千恩万谢。

突然，大家听到有人在哭泣。循声望去，发现是平行四边形拖着散了架的 3 位兄弟——大哥长方形、二哥菱形、四弟梯形走了过来。零国王跑步迎了上去，紧紧握住平行四边形的手，眼里饱含热泪："真对不起你们兄弟！兄弟 4 人，现在只剩下你一个了，为了夺回金印，你们家族作出了巨大牺牲。我决定：对牺牲的 3 兄弟一定厚礼安葬，发给你一大笔抚恤金，让你生活有着落。"

零国王面对散了架的 3 个四边形，双腿跪倒在地，磕了 3 个头，然后张开大嘴痛哭，周围的人也都为之流泪。

"哈哈……"直角三角形突然大笑起来，把在场的人都吓了一大跳。

小华生气了，指着直角三角形问："大家都为牺牲了 3 个四边形而流泪，你怎么幸灾乐祸呢？"

"不，不。"直角三角形连连摆手，"我不是幸灾乐祸。我是觉得你们哭得好笑！这 3 个四边形虽然表面上被公牛顶散了架，实际上他们都没死。"

"没死？"听了直角三角形的这番话，大家十分惊奇。

直角三角形说："你把他们 3 个重新装好，他们就又都活了。"

"真的？"零国王眼里充满了希望。他下令先把长方形组装好，奇数军团的士兵把长方形的 4 条边找齐，在地面上重新对接好。

1 司令指挥士兵要把长方形扶起来。1 司令高举指挥刀喊道："大家都准备好，各就各位，一——二——三！"随着 1 司令的口令，士兵们一起用力把长方形扶了起来。扶是扶起来了，可是长方形没站立 1 分钟，

"哗啦"一声又倒在地上。

小强走到长方形身边仔细看了看:"长方形连接两条边的关节,被野牛撞坏了,这些关节已经支撑不了长方形啦!"

零国王双手一拍大腿,着急地说:"这可怎么办?各位,各位,你们可别见死不救啊!"

直角三角形微笑着对零国王说:"国王,你看我这身子骨怎么样?"

零国王跷起大拇指说:"你的身子骨可是没说的,真可谓是钢筋铁骨!那么多野牛在你面前都甘拜下风!"

"能不能把这 3 个散了架的四边形改装一下,让他们变得和我一样结实呢?"

"这个……"这一下可把零国王给难住了。

小华想出个好主意,他说:"给这 3 个散了架的四边形,每人装上一条对角线。这样一装,把每个四边形都变成了两个三角形,三角形可是结实的呀!"

"好主意!"零国王立即命令士兵给散了架的长方形、菱形和梯形都装上一条对角线。奇迹发生了,装上对角线之后,这 3 个四边形不但个个都站住了,而且又都死而复生!

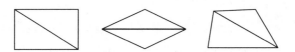

零国王决定大摆酒宴,庆祝夺取金印的胜利。酒过三巡,零国王突然低头不语,小华忙问:"怎么啦?"

小华这一问,又勾起零国王的伤心事来。

狮虎纵队战老鹰

小华一问，勾起了零国王的伤心事。他呜咽地说："金印虽说找回来了，但是我那把嵌满宝石的佩刀至今仍下落不明，真叫我放心不下！"

小强建议提审盗刀贼，弄清宝刀的去向。士兵把盗刀贼数 13 押了上来。零国王一拍桌子："数 13，你把我的宝刀藏到哪儿去了？赶快如实交代，免得皮肉受苦！"

数 13 哆哆嗦嗦地说："事情是这样的：那天我拿着宝刀想藏个保险的地方，走到老鹰岩附近，就觉得太阳光突然被什么东西遮住了。抬头一看，我的妈呀！一只巨大的食数鹰向我扑来。我两眼一闭，心想这下子可完了，非被食数鹰吃掉不可！"

零国王听入了神，忙问："后来呢？"

"我闭着眼等死。食数鹰却没有吃我。他在我头上转了 3 圈，然后一个俯冲把我手中的宝刀抢走，一声长啸，直飞老鹰岩。"

"完喽，完喽！"零国王搓着双手说，"食数鹰是专门吃我们这些数的，宝刀让他抢走了可就算完了！"

$\frac{1}{10}$ 国王、0.1 国王一听到食数鹰，也都连连摇头；1 司令、2 司令把头缩进脖子里，失去了昔日的威风。

小华很不服气，他问大家："难道你们连一点办法也没有了？"

数 8 晃悠着大脑袋说："依我看，办法总还是有的。虽然我们数是斗不过食数鹰的，但是总会有斗得过食数鹰的东西吧？"

零国王忙问："你说说这些东西都是什么？"

"老虎、狮子、猴子这些动物都不怕食数鹰。我们可以利用他们去进攻食数鹰，夺回宝刀！"数 8 的这个主意得到了在场人的赞同。

零国王立刻下令，让 2 司令带领他的偶数军团去组建一支名叫"狮虎纵队"的动物特种部队，专门用来对付食数鹰。

2司令不敢怠慢，赶紧去组建"狮虎纵队"。2司令也真能耐，没出3天，他硬是把"狮虎纵队"组建好了。

今天举行阅兵式，零国王要检阅新组建的"狮虎纵队"。一大早就搭好了阅兵台。10点整，3声炮响，零国王率领文武百官登上阅兵台，小强和小华也应邀登台一起检阅。

检阅开始了，2司令平端着指挥刀走在队伍的最前面，后面是一个比一个大的方块形队伍；4当分队长，领着4只狮子；9当分队长，领着9只老虎；16当分队长，领着16只猴子……

"好，好！"零国王带头鼓掌。他回过头对阅兵台上的官员说："每个分队都是一个平方数。嗯？ 9、25、49都不是偶数军团的人，他们怎么也服从2司令的指挥了？"

1司令解释说："2司令向我借几个弟兄，我就借给他了。"

"这么说，你和2司令和好了？"

1司令笑着点了点头。

阅兵式正在进行，突然数5匆匆来报："东面发现一大群食数鹰正向这里飞来。"

零国王拍案而起："来得好！我没去找他们，他们偏找上门来送死！2司令，率'狮虎纵队'向东进军，消灭这群食数鹰！"

"是！"2司令立刻带着"狮虎纵队"向东面进发。队伍刚走没多远，数7一溜小跑向零国王报告："西面发现十几只食数鹰正向这里飞来！"

"啊！"零国王听说食数鹰要来个两面夹攻，顿时没了主意。

1司令提醒说："零国王，是不是让2司令把'狮虎纵队'兵分两路，一路向东，一路向西，两面迎敌？"

"好主意，好主意！"零国王又把2司令率领的"狮虎纵队"召了回来。零国王说："2司令，你把'狮虎纵队'一分为二，一队向东，一队向西。"

2司令面有难色，他说："零国王，把'狮虎纵队'平均分成两队不好分呀！"

"那有什么难分的？"

"数目为偶数的方队，比如4、16、36等都好分，可是有些方队是奇数，这就不好分了。"

"我看差不多就行了，不一定两个分队要一样多。来，我给你分开。"说完零国王拿了一根棍走下阅兵台，跑到每个分队都斜着画了一道。

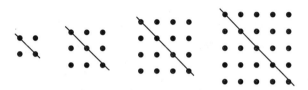

零国王挥了挥手说："就这样分了，斜道下面的算第一纵队，由2司令率领向东面迎敌；斜道上面的算第二纵队，由1司令率领向西面迎敌，马上出发！"

零国王刚想返回阅兵台，一大群分队长手拿辞职书拦住了他："零国王，你把正方形队变成了三角形队，我们这些分队长都没法干了，请你另请高明吧！"

零国王想了想说："你们辞职是有道理的。因为人数变了你们再当分队长有点名不副实了。可是，由谁来当分队长呢？"

小华在一旁插话说："当分队长的数应该和各分队的人数一致。"

零国王点点头说："这个道理我是明白的，但是三角形队伍的数目我不会算。"

不会算的问题，当然都推到小强身上。小强想了想说："我们可以先把斜线上面的三角形队伍含有的数目算出来。他们应该是 1，3，6，10，…"

"有什么规律吗？"

"有，如果把三角形队伍从小到大都编上号，那么每一个三角形队伍的数目等于前一个三角形队伍的数目加上这个三角形队伍的编号。"

小强怕零国王听不懂，又给零国王画了个示意图：

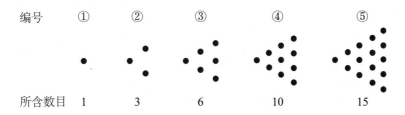

规律：1＋②＝3；3＋③＝6；6＋④＝10；10＋⑤＝15。

零国王一拍手说："你完全给我讲明白了，我马上就任命新的分队长！"

小华提了个问题："向东的纵队中，3 要当分队长；向西的纵队中，3 也要当分队长。这一个 3 怎么能当两个分队长呢？"

"哈哈，这你可就不知道了。我们数有一个特性，个个都会分身术，别说需要两个 3，你要十个八个的 3，照样能分出来。"

零国王一声令下，2 司令带队向东，1 司令带队向西，两面迎击食数鹰。

2 司令带队走出有 1000 多米远，就见天上黑压压飞来一群食数鹰。食数鹰一看到 2 司令和 3、6、10 等分队长，馋涎欲滴，立刻冲下来，想把这些数抓来吃掉。谁想食数鹰的爪子还没抓到这些数，"嗷"的一声，狮子、老虎一起扑了上去，张开血盆大口猛咬食数鹰。猴子们也不甘示弱，跳起来抓住食数鹰就拔毛。食数鹰也奋力还击，用尖锐的鹰嘴猛啄"狮虎纵队"的成员。一时间狮吼、虎啸、鹰啼、猴叫，羽毛乱飞，好不热闹。

小华在阅兵台上被这激战的场面所吸引，跳下台来说了声："我去看看热闹！"一溜烟向东面跑去。小华离战场还有 50 多米就停下来看热闹，看到精彩处还不断鼓掌叫好。

忽然，一只食数鹰从天而降，抓住小华又飞上天空。小华一边挣扎一边喊叫："我又不是数，你抓我干什么？"

食数鹰并不答理他，抓住他一个劲儿地向高空飞去。

"救命啊！"小华在空中不停地叫喊。

仙鹤王子助战

食数鹰抓住小华直飞高空，小华不停地喊"救命"。突然一声长鸣，仙鹤王子快速飞来。仙鹤王子向食数鹰发起攻击。食数鹰哪里是仙鹤王子的对手，没战几个回合，身上已几处负伤。食数鹰不敢恋战，赶紧扔掉小华，自顾逃命去了。

食数鹰双爪一松，可苦了小华，他脑袋朝下栽了下去。"救命啊！"小华大声呼救。仙鹤王子赶快飞到小华的下面，把小华稳稳地托住。

仙鹤王子安慰小华说："不要紧，我已经把你托住了。"

小华擦了一把头上的汗："谢谢你，仙鹤王子。如果不是你救了我，我不叫食数鹰吃了，也要被他摔死！"

小华骑在仙鹤王子背上往下一看，下面的战斗正在激烈进行。1 司令和 2 司令虽然各指挥一支强大的"狮虎纵队"，但是狮子也好，老虎也好，都是陆上的猛兽，都飞不起来，而食数鹰却能上能下，占了不少便宜。

小华不禁说道："看来'狮虎纵队'打不赢食数鹰！"

李毓佩
数学科普文集

"这不要紧,我来助一臂之力!"仙鹤王子在空中高叫3声。"呼啦啦"飞来一大群仙鹤。他们雪白的身体,黑色的颈和翅膀,头上都戴着一顶艳红的帽子。他们鸣叫着,在空中排成整齐的队形,听候仙鹤王子的命令。

"向食数鹰进攻,消灭他们!"仙鹤王子一声令下,仙鹤群猛地扑向食数鹰。这一来,食数鹰吃不住了,往上飞,上面有仙鹤在进攻;向下飞,下面有狮子、老虎在撕咬。食数鹰在上下两面的攻击下溃不成军,有的被仙鹤啄伤,掉在地上被老虎、狮子咬死;有的直接被仙鹤啄死,不到一顿饭的工夫,食数鹰几乎被消灭干净。最后一只食数鹰飞回了老鹰岩,藏进一个很深的洞穴。

仙鹤王子驮着小华,一直在空中督战。他看到一只食数鹰溜走了,立刻就追了上去。仙鹤王子不怕危险,飞进洞穴,与这只食数鹰进行搏斗,几个回合下来,这最后一只食数鹰也被仙鹤王子啄死。从此,世界上再也不存在食数鹰了。

小华在洞穴最深处发现一件闪闪发亮的东西,走到近处一看,原来就是零国王那把嵌满宝石的佩刀。

零国王看见仙鹤王子驮着小华徐徐落下,并把心爱的佩刀还给了他,高兴地咧开大嘴,一个劲儿地笑。

零国王高举酒杯:"感谢仙鹤王子消灭了食数鹰,为我们数世界除了一大害;感谢小华为我找回了佩刀。咱们干杯!"

正当大家举杯庆贺的时候,数10低着头走到零国王面前。他对零国王说:"您的狮毛千里马被我偷出王宫,我想骑着他玩玩,谁想到他四蹄腾空跑了起来。我问千里马想到哪儿去,他说去找他的远房亲戚食数怪兽去。"

零国王惊讶得将口中的酒都喷了出来:"什么?他有这样一个远房亲戚?我怎么从来没听他提起过呢?"

"这个食数怪兽真可怕呀！他巨头、大嘴、全身无毛，最奇怪的是他长了3条腿。"

"这可怎么好呀！刚刚把食数鹰消灭掉，又出来个食数怪兽，我的狮毛千里马和他还是亲戚！"零国王一着急，又不知道怎么办才好了。

司令建议先派几名侦察兵，侦察出食数怪兽究竟在哪儿，也好出兵讨伐。数5、24、44自告奋勇，愿意去侦察食数怪兽的行踪。

没去多久，数5只身一人跑了回来，他哭着道："我们3个走出不远，就看见怪兽正向我们走来。怪兽看见24，张开血盆大口，一口吞了下去；见了44，又大嘴一张吞了进去。我想这下子可完了，想跑，可是两条腿动弹不得。我只好闭眼等死，谁想到怪兽大步走过来，只用鼻子闻了闻我，然后摇摇脑袋竟走开了，我算捡了一条命！"

2司令拍案而起，挺着胸脯说："怪兽实在可恶，连吃掉偶数军团的两个弟兄。请零国王快下命令吧，我立刻率队出发，和怪兽决一死战！"

1司令在一旁摆摆手说："怪兽身高嘴大，凶猛异常，与他硬拼怕是损失太大！

2司令满脸怒气地嚷道："1司令贪生怕死，我坚决请战！"

零国王怕俩人又吵起来，他眼珠一转说："我有个好主意！"

零国王智斗怪兽

1司令和2司令同时问："零国王有什么好主意？"

零国王用手拍了拍前额说："怪兽吃了24和44，偏偏不吃5，这里面一定有什么奥秘。我想再挑选4个各种类型的数，对怪兽进行一次试探性的进攻，以探虚实。"

大家都说这个主意比较稳妥。零国王挑选了数6、14、35和100组成一个小分队，立即出发，攻击怪兽。

4个数刚刚埋伏好，只听一声号叫，怪兽出现在眼前。数6大喝一声，跳起来举刀就砍。怪兽咬住刀口用力一甩，数6连刀带人飞出老远，重重地摔在地上，昏了过去。

数14挺枪就扎，数35连连放箭，无奈丝毫伤害不了怪兽。突然，怪兽发现了数100，眼睛里发出吓人的凶光，没等数100举起武器，一口就把他吞下了肚。

数14和数35不敢恋战，搀着受伤的数6跑了回来。刚才这场战斗大家看得一清二楚。零国王叫大家发表高见。

1司令首先发言，他说："看来，怪兽确实不是什么数都吃。它对数5只闻不吃，数6被他甩出去摔昏，本来完全可以一口吞下，可是他还是不吃。"

零国王说："他吞食了数100，会不会他专吃末位数是0的数呢？"

"不会。"1司令说，"他还吞食了数24和数44哪！他俩的末位数都不是0。"

2司令接着问："会不会专吃末位数是4的数呢？"

"也不对。"1司令摇摇头说，"刚刚派去的数14，他为什么不吃？"

零国王着急地问："你说这头怪兽专吃什么数？"

1司令耸耸肩说："说不准，天才晓得！"

小强建议："我觉得一方面应派人去调查一下，搞清楚怪兽的来龙去脉，有什么特点。另外嘛……"小强趴在零国王的耳边小声嘀咕了几句。零国王立即派1司令去调查清楚。

2司令想向国王探听小强说了些什么。零国王摆摆手说："咱们去城楼观战好了！"

零国王率领大家登上城楼，只见数60走出城门，赤手空拳向怪兽扑去。怪兽见到数60，张开血盆大口扑了过来。奇怪的是，数60不慌不忙倒地一滚，站起来的是2司令和数30，这是因为60＝2×30。怪兽见变成这两个数，突然闭上嘴，转身就走。

零国王点点头说："看来数 30 和 2 司令不是他要吃的数。"

数 60 又恢复了原样，然后又倒地一滚，变成为数 5 和数 12。怪兽忽地又转回身来，张开大嘴直扑数 12。数 12 赶紧跑进城门，把大门紧紧关上。怪兽在城外又吼又叫，大有不吃下数 12 誓不罢休的劲头。

"嗯？奇怪呀！"零国王不明白了，他问，"数 14、数 30、数 12 都是偶数，怪兽却有的吃，有的不吃。"

小强说："咱们找找规律。怪兽吃了数 24，吃了数 100，又吃了数 44，而对 5、6、2、30、14 和 35 却一口不咬。"

"我找到答案啦！"零国王高兴地说。"24＝4×6，100＝4×25，44＝4×11，看来怪兽专吃含有因数 4 的数。"

2 司令说："有道理！"

一阵急促的马蹄声由远及近，1 司令调查回来了。他汇报说："此怪兽全名叫'三腿食数兽'。他觉得 3 条腿太难看了，非常希望也和其他动物一样，长有 4 条腿。一次，他听巫婆说，只要他以后只吃含有因数 4 的数，而不再吃别的数，就可以长出第四条腿来。"

"嗯，和我分析的一样。"零国王又问，"如何能制伏他呢？"

1 司令答："如果他肚子里含有因数 4 的数全部没有了，他会立刻饿死。"

零国王高兴地一拍大腿说："好！这回你们看我的了！"说完拉过一匹战马，飞身上马，只身出了城，直向食数兽奔去。

食数兽见到零国王并不张嘴去咬，只是发出阵阵吼声进行恐吓。零国王并不理睬怪兽的恐吓，催马走到怪兽近前，突然从马背上跃起，抓住怪兽的下嘴唇，身子往上一翻，"哧溜"一声钻进了怪兽的大嘴，"咕咚"一声滑进怪兽的肚子里。

文武百官大惊失色，1 司令把指挥刀向上一举，大喊："部队马上

奇妙的数王国　李毓佩
数学科普文集

集合，赶快抢救零国王！"

城门大开，部队分成奇、偶两个军团冲了出去，向食数兽发起攻击。

忽然，食数兽像着了魔似的，在原地乱蹦乱跳，看样子是肚子里很难受。又过了一会儿，他突然大吼一声，跌倒在地，蹬了蹬腿就死了。

大家被怪兽这突然的举动弄傻了。1司令忽然想起了什么，手掩面哭道："我们的零国王，你死得好惨哪！都是我这个当司令的不好，让你死在怪兽的肚子里，呜呜……"士兵们也跟着放声大哭。

突然，食数兽的大嘴动了一下，嘴里还传出说笑声。过了会儿，那大嘴一下张开了，零国王和数24、44、100手拉手笑嘻嘻地走了出来。

大家都十分惊奇："国王陛下，你是怎样制伏怪兽的？"

零国王笑嘻嘻地说："我钻进他肚子里，和数24、44、100做了个连乘：$24 \times 44 \times 100 \times 0$，结果变成了0。这家伙肚子里一没食物，立刻就饿死了！"

大家齐声称赞零国王智勇双全。这时，一匹红色的卷毛骏马从远处跑来，走近零国王身边不停地打着响鼻，向零国王表示亲热。零国王搂着红马，流着热泪说："我的宝马，你终于回来了！"

大家正在兴高采烈地议论狮毛千里马的归来。突然，一个高大的古希腊人快步如飞地走来。

他是谁？

孙悟空遇到的难题

零国王并不认识这个高大的古希腊人，忙问："你从哪里来？找谁？"

古希腊人说："我是古希腊神话中善跑的勇士，名叫阿基里斯。我是来找零国王，给我洗清不白之冤的。"

"我就是零国王，你有什么冤情请说吧！"

"咳!"阿基里斯先叹了一口气,说:"有人说,我这个世界上跑得最快的勇士,硬是追不上爬得最慢的乌龟。"

"这不可能!"零国王也开始激动起来,"连我也能追上乌龟,你怎么可能追不上他呢?"

"我也是这样想的,可是人家推算得很有道理呀!"

阿基里斯在地上画了个图说:"这个人说,假设乌龟从 A 点起在前面爬,我从 O 点同时出发在后面追。当我追到 A 点时,乌龟向前爬行了一小段,到了 B 点;当我急忙从 A 点追到 B 点时,乌龟也没闲着,它又向前爬行了一小段,到了 C 点……这样追下去,我每次都需要先追到乌龟的出发点,而在我向前追的同时,乌龟总是又向前爬行了一小段。尽管我离乌龟越来越近,可是永远也别想追上乌龟!"

"这真是件怪事!"在场的人都感到这是个棘手的问题。

零国王拍了拍自己的光头:"这事儿我也解决不了啊!太难啦!"

"没什么可难的,我来帮你解决。"大家回头一看,是 0.1 国王在说话。

阿基里斯赶忙向 0.1 国王鞠躬:"您能帮忙,太感谢了!"

0.1 国王问阿基里斯:"你知道 $0.\dot{9}=1$ 吗?也就是说 $1=0.9999\cdots=0.9+0.09+0.009+0.0009+\cdots$"

"知道,知道。"阿基里斯频频点头说,"据说现在的小学生都知道。"

"知道就好。"0.1 国王说,"我让你跑慢点,每秒钟能跑 10 米;我让乌龟跑快点,让它每秒钟跑 1 米。我再假定乌龟的出发点 A 距离 O 点 9 米。"

0.1 国王停了停,接着又说:"你用 0.9 秒跑完 9 米到了 A 点,乌龟在 0.9 秒的时间内,向前爬了 0.9 米到了 B 点;你再用 0.09 秒钟跑完 0.9 米追到了 B 点,乌龟在 0.09 秒又向前爬了 0.09 米到了 C 点……你

奇妙的数王国　李毓佩
数学科普文集

这样一段一段向前追，所用的总时间 t 及总距离 s 是：

$t = 0.9 + 0.09 + 0.009 + \cdots$（秒），

$s = 9 + 0.9 + 0.09 + 0.009 + \cdots$（米）。

因为 $0.9 + 0.09 + 0.009 + \cdots = 0.999\cdots = 1$，

所以 $t = 1$ 秒，

$s = 10 \times (0.9 + 0.09 + 0.009 + \cdots)$

$\quad = 10 \times 1 = 10$（米）。

你瞧瞧，你只需要 1 秒钟，跑 10 米的距离就可以追上乌龟了。"

阿基里斯瞪大了眼睛说："0.1 国王你可真伟大！"

0.1 国王忙说："倒不是我伟大，而是无限循环小数的性质太奇妙了。"

阿基里斯深有感触地说："我号称神行太保，由于缺乏数学知识，竟蒙受追不上乌龟的不白之冤。看来，我得好好学习数学，再会了！"说完，一眨眼就不见了。

大家正称赞阿基里斯极快的行走速度，只听半空中有人高喊："零国王，近来可好？"眼前一道白光，只见孙悟空手提金箍棒，腰围虎皮裙，站在大家面前。

零国王拱手施礼道："不知孙大圣驾到，有失远迎，多有得罪。"

孙悟空赶忙施礼，说："好说，好说，各位数字国王在此，老孙有一事不解，前来求教。"

零国王笑着说："有什么事能难倒大圣啊？"

"说来可笑，我被一个孩童问住了。"孙悟空不好意思地说，"有一个孩童口袋里装有 10 块糖，让我用 1 分钟的时间，把糖一块一块地取出来。我想这个容易，我用 0.1 分钟取 1 块，1 分钟就能全取出来了。"

$\frac{1}{10}$ 国王在一旁说："这怎么能难倒大圣哪？"

孙悟空说："这个孩童又拿出一个口袋，里面装有 100 块糖，还是让我在 1 分钟内，把它们一块一块地全部取出来。我想，这也不难，只要动作快一点儿，用 0.01 分钟取 1 块，1 分钟总可以把糖都取出来。谁料想，这个孩童又拿出一个口袋，硬说里面装有无数块糖，还让我用 1 分钟的时间，把它们一块一块地取出来。这，这，我该如何取法？”说到这儿，急得他抓耳挠腮，直搓双手。

"哈哈，这点小事，也让大圣发愁！"大家回头一看，又是 0.1 国王在说话。

0.1 国王接着说："我给大圣出个主意。你用 0.9 分钟取出第一块糖，用 0.09 分钟取出第二块糖，用 0.009 分钟取出第三块糖……你这样越来越快地取下去。把你取这无穷多块糖所用的时间都加在一起，就是：

$$0.9 + 0.09 + 0.009 + \cdots$$
$$= 0.999\cdots$$
$$= 0.\dot{9}$$
$$\approx 1。$$

你看看，取完这无穷多块糖所用的时间恰好为 1 分钟。"

"妙极了，妙极了！"孙悟空高兴得连蹦带跳，"看来，我要好好学习数学，不然，连个孩童都不如了。"说完，对大家一拱手，一个跟头就无踪无影了。

"哈哈……"零国王高兴地说，"就连神仙也离不了咱们的数学呀！"

"唉！零国王的 3 件宝贝都找回来了，可是我还没着没落哪！"

大家一看，说话的还是 0.1 国王。

重建小数城

零国王高兴，0.1 国王却还在发愁。一问，才知道由于地震，小数城已夷为平地，所有小数无处安身，身为一国之主的 0.1 国王怎么不犯愁呢？

小华说:"咱们有钱的出钱,有力的出力,帮助 0.1 国王重建小数城,你们看好不好?"

"好!"在场的人异口同声地表示赞同。

$\frac{1}{10}$ 国王说:"重建小数城,先要搞好建筑设计。"

"说得对!"零国王说,"要把小数城建设得既美观又结实。"

0.1 国王忙说:"最重要的是,要能抗住 8 级地震!"

小强说:"我看小数城原来的房屋,房顶最不结实了,都是平顶房子,很容易散架!"

"你说,房顶修成什么样才结实?"

小强说:"野牛山取金印时,你已经看到了,三角形是钢筋铁骨。如果把屋顶修成三角形,保证结实!"

"嗯,说得有理。"0.1 国王点点头说,"就依你的意见,把屋顶都修成三角形的!"

三角形家族中的 3 兄弟高兴地咧着大嘴说:"不怕不识货,只怕货比货。野牛山上这一较量,你们就知道谁最结实了。"

听了三角形兄弟的话,长方形老大不高兴。他说:"既然三角形那么结实,那么好,在修建小数城时,干脆把窗户、门,甚至房屋本身都修成三角形的算了!"

零国王表示了不同的意见,他说:"除了房顶,别处也修成三角形的就不好看了。我看,房体、窗户、门都要修成长方形的。"

0.1 国王同意零国王的意见,不过他提了一个问题:"长方形也有长一些的、扁一些的,究竟长方形长和宽的比多大时,长方形才最好看?"

小华笑了笑说:"长方形都长得一个模样,有什么好看不好看的?"

长方形把眉头一皱,一伸手变出一本书和一个笔记本,递给小华:"请你先量量这本书和这个笔记本的长和宽,再计算一下:

宽÷长,

看看等于多少？"

小华量了量又算了算说："大约等于 0.62。"

"对。再精确点，应该等于 0.618。你知道 0.618 是个什么数吗？"长方形停了一会儿说，"0.618 叫作黄金分割数，简称黄金数。不管是书本还是窗户、门，如果宽 ÷ 长等于 0.618，它们看起来就非常和谐、非常舒服。"

这时，三角形 3 兄弟中的老二——钝角三角形不服气。他指着长方形的鼻子问："我怎么没看出有哪个长方形长得又和谐，看着又舒服呢？"

"那是你有眼无珠！你来看。"长方形一指，众人面前出现了一座古希腊美与爱之神——维纳斯塑像。

维纳斯塑像

长方形在维纳斯塑像前画了 3 个长方形说："最美的人体是以人的肚脐为中心，各个部位都符合黄金分割比例，从而构成许多黄金长方形。"

长方形又一指，人们眼前又出现一座古老的神庙。他大声叫道："看呐！这是古希腊著名的建筑——帕特农神庙，它的布局和结构都符合黄金分割的比例，整个建筑包含着无数个黄金长方形。"

李毓佩
数学科普文集

帕特农神庙

直角三角形在旁边插了一句话："你也就只知道2000多年前的古希腊吧？"

"不，不。"长方形连连摇头说，"法国著名建筑——巴黎圣母院，它的整个结构也是按照黄金长方形建造的。意大利大画家达·芬奇的代表作品《蒙娜丽莎》，也是按照黄金分割的比例来构图的。"

锐角三角形提了个问题："你总说黄金长方形。黄金长方形是用黄金做成的长方形吗？"

"不，你又搞错了。"长方形解释说，"所谓黄金长方形，是指宽与长之比恰好等于黄金数0.618的那种特殊的长方形，我来给你变一个。"说完长方形把自己的长和宽做了一些调整，变成了新的长方形ABCD，接着在地上列出一个式子：

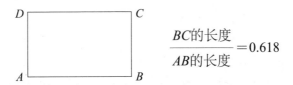

$$\frac{BC\text{的长度}}{AB\text{的长度}} = 0.618$$

长方形ABCD一拍胸脯说："我就是一个黄金长方形！"

三角形3兄弟点了点头，异口同声地说："噢，原来是这么回事！"

"好戏还在后面哪！"梯形往前走了两步，在黄金长方形DC边上量出DE＝AD，"刷"地从1司令腰上抽出宝剑，从E点砍了下去。黄金长方形被砍成两部分：正方形 *AFED* 和长方形 *BCEF*。

梯形说："长方形 *BCEF* 是一个小一号的黄金长方形。"他照方抓药，又给小黄金长方形砍了一剑，砍出一个小正方形和一个更小的黄金长方形。他一剑接一剑地砍下去，得到一个比一个更小的正方形和一个比一个更小的黄金长方形。

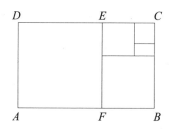

"妙，妙，妙极啦！"0.1 国王高兴地跳了起来，说，"决定了，就这样决定了！房顶修成三角形的，把房体、窗户、门都修成黄金长方形。这样一来，新的小数城既美观又结实！"

说干就干，大家一起动手，没用几天时间，一座漂亮的小数城重新耸立起来了。

滚来个大圆

小数城原来的城墙在地震中倒塌了，现在小数城里的房屋道路都已修好，只差城墙没修。

0.1 国王说："城墙还是要修的，没有城墙就不像个城市。"

小华问："你要修个什么样的城墙？"

"原来的城墙是正方形的，每边长 1000 米，高度 2 米。这次重修，城墙要修成黄金长方形，高度不变，短边长度要 1000 米。"看来 0.1 国王是认准了黄金长方形了。

奇妙的数王国　李毓佩　数学科普文集

小华计算了一下说："你要求短边长度 1000 米，那么长边的长度就应该是 1000÷0.618＝1618（米），比原来多出 618 米，两边加起来就多 1236 米。0.1 国王，你有那么多修城墙的砖吗？"

负责修建小数城的 0.2 汇报说："报告 0.1 国王，所有的砖都用光了！"

0.1 国王把眼睛一瞪说："到整数王国、分数王国去拉些回来。"

0.2 说："整数王国、分数王国所有的砖都被我们拉来了。"

"这一下就麻烦了！"0.1 国王犯愁了。

锐角三角形过来说："把城墙修成三角形的怎么样？三角形可结实啦！"

0.1 国王连连摇头："再结实也不行，你看谁把首都修成三角形的？"他一回头看见了小强，忙对小强说："我们的大数学家，你看修成什么样好呢？"

"三角形你不喜欢，而四边形中数正方形的性质最优越，可是你也不喜欢，我也没办法！"小强把双手一摊，表示无可奈何。

钝角三角形凑过来问："你说正方形的性质最优越，我怎么不知道呢？"

小强听得出钝角三角形话中有话。他笑了笑对长方形说："请你变成一个正方形。"

"好的。"长方形拍了一下自己的长边，口中念念有词，"变短，变短，变短。"大家看见长方形的长边一点点收缩，当缩到和短边相等时，就变成正方形了。

小强在正方形上找到两条对边的中点，然后连接两个中点画了一条线。他说："以这条线为轴把正方形的右半边翻叠 180°，可以使左右两半边重合。数学上，把具有这样性质的图形叫轴对称图形。正方形就是轴对称图形，他有 4 条对称轴：两对边中点连线和两条对角线。"

钝角三角形点了点头说："嗯，果然奇妙！"

"这还算不上什么奇妙性质，你再看。"小强画出正方形的两条对角线，交点为 M。他以 M 点为中心，把半个正方形在平面内转动了 $180°$，也使两部分重合。

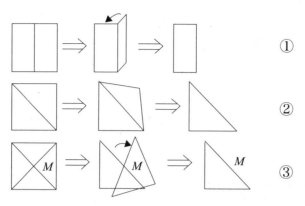

①
②
③

小强说："正方形还是一个中心对称图形，点 M 是他的对称中心。你们三角形家族的任何成员都不具备这样的性质。

钝角三角形瞪大了眼睛问："还有吗？"

"还有。"小强毫不含糊地说，"给你一根 4 米长的绳子，让你围出一个四边形，要求所围四边形的面积最大，你知道应该围成什么样的四边形吗？"

钝角三角形眨巴眨巴大眼睛，摇摇头说："不知道。"

"还是正方形！"小强很肯定地说，"面积一定，要想使城墙用砖最少，正方形是最合适的。"

忽然，传来了闷雷一样的声音："谁说正方形最合适？"接着"咕噜噜"滚来一个大圆。

大圆对 0.1 国王说："你把城墙修成圆形的，又省料又好看哪！"

小强一拍大腿："嗨！我把圆给忘了，当围成的面积一定时，圆的周长最小。"

0.1 国王高兴地举起双手说："对，修圆形的城墙！"

奇妙的数王国
李毓佩
数学科普文集

烦恼与欢乐

小数城全部修建完毕，零国王决定在新建成的小数王宫设宴招待各位贵宾。

小数王宫张灯结彩，这彩灯有三角形的、正方形的、五角星形的、圆形的……千姿百态，美不胜收。

宴会开始，端上来的菜也很特殊，有形状像 2 的烤鸭，有形状像 3 的小炸糕，有形状像 4 的奶酪，有形状像 5 的龙虾，还有形状像 6 的鱿鱼卷……

只见零国王举起酒杯说："数学王国的诸位国王，各位嘉宾，虽说咱们早就认识，但是难得聚在一起。来，为咱们数学大家庭的团结，干杯！"

"干杯！""干杯！"来宾都纷纷举杯祝贺。

1 司令感慨地说："整个数学世界不断发展，并不停地前进，真是可喜可贺！"他干了一杯后接着说，"就拿数来说吧，最早只有正整数，后来出现了小数和分数。添加了负数，数就从正数和零扩展到了有理数；添加了无理数，数又从有理数扩展到了实数；实数后来又扩展到了复数。数的系统就像水的波纹一样，越来越大呀！"

各位国王频频点头，赞赏 1 司令的高见。忽然，座位上一位身穿元帅服的数发出了哭泣声，大家扭头一看，是 2 司令。

0.1 国王忙问："2 司令，你有什么伤心事？"

"现在人类使用的电子计算机，运算速度就别提有多快了，据说 1 秒钟有上亿次！"2 司令甩了把鼻涕说，"电子计算机只使用 0 和 1 这两个数。这么一来，数学是发展了，可别的数也没用了，我和偶数军团就被淘汰了！"说着，2 司令竟呜呜地哭出声来。

"嗨，我以为是什么了不起的大事哪！"零国王笑着说，"这事儿我知道。不错，电子计算机采用的是二进位制，是逢 2 进 1。平时，人们使用的都是十进位制，就是逢 10 进 1。十进位的 1、2、3、4、5 这几个数，如果用二进位来表示，就是 1、10、11、100、101。从记数的角度来看，还是十进位制简单。比如 9 如果用二进位制来表示，就是 1001，看，是个四位数。况且十进位制有着极广泛的应用。放心吧，你的偶数兵团不但不会被淘汰，将来还大有作为哪！"

听了零国王的一番话，2 司令破涕为笑，与大家开怀畅饮。

$\frac{1}{10}$ 国王站起来向每一位客人敬酒，当他来到等边三角形面前时，发现他低着头，闷闷不乐，不吃也不喝。

$\frac{1}{10}$ 国王关心地问："等边三角形国王，您作为三角形王国的一国之主，地位显赫无比，您有什么不痛快的地方？"

"唉！"等边三角形国王叹了口气说，"数学发展到了今天，一点儿规矩都没有喽！君不成为君，臣不成为臣了。就拿我来说吧，我所以能成为三角形王国的一国之主，还不是因为我的三条边都一样长！"

$\frac{1}{10}$ 国王竖着大拇指说："你这个性质别的三角形就比不了，你这位国王当之无愧！"

"我说的不是这个意思，你们看。"等边三角形国王一扭身，"嗖"的一声就蹦了起来，一下子就贴在大玻璃窗上。他用手向空中一指，喊了声："灭！"刹那间，宫内的灯一齐熄灭了，只有皎洁的月光，透过大玻璃窗洒在地上。从地面上，大家清楚地看到等边三角形国王的影子。

等边三角形国王说："你们量量，我的影子还是等边三角形的吗？"

$\frac{1}{10}$ 国王掏出皮尺一量，3 条边果然不相等。

随着贴在玻璃窗上的等边三角形国王不停地转动，地面上三角形的影子也不断地改变着形状。

忽然，等边三角形国王对月亮说："请你升高点，好吗？"月亮还真听话，乖乖地升了上去。随着月亮的上升，大家看到地面上三角形的影子变短了许多。过了一会儿，月亮又向下降了，三角形的影子也随着月亮的下降而变长。

"妙!"各位国王齐声称赞。

"妙什么!"等边三角形国王发火了。他嚷道:"按现代数学观点,我和臣民没什么区别。通过某种'变换',臣民和我可以相互变换。月光透过窗户照到地面上,就是一种变换。在这个变换下,我可以变成锐角三角形、钝角三角形,甚至直角三角形。而把他们中任何一种贴在窗户上,也能变成我!"

"啊,在变换下,君臣不分,这不是乱了套了吗?"许多国王都大惊失色。

零国王笑嘻嘻地说:"你们可真想不开。在某种变换下,等边三角形和别的三角形可以互换,不正说明你们是同祖同宗、关系密切吗?君臣的关系密切有什么不好?只有数学发展了,才能揭示出这种本质的联系。"

大家一琢磨,零国王的话说得还真在理,也都转忧为喜了。

"这样变过来又变过去的,真好玩。"正方形也贴到玻璃窗上,在月光下,地面的影子一会儿变成了长方形,一会儿又变成了平行四边形。

圆也跳到窗户上去试一试,他的影子变成了椭圆。

零国王送走了小强和小华兄弟俩,然后对大家说:"各位,大家的心事都已经解决了,来,咱们一起跳舞吧!"在零国王的倡议下,各位国王和来宾翩翩起舞,在优美的乐曲声中,跳起了数学华尔兹舞。大家消除了隔阂,消除了烦恼,团结一致,为数学的发展携手前进。

12. 圆、线和点

谁最美

光溜溜的圆，直通通的线段和小小的点，一起从剧院走出来，他刚看完舞剧《丝路花雨》。

线段竖起大拇指说："英娘的舞蹈真是美极了！她的一招一式都那么轻盈优美。"

圆问道："你知道英娘的舞蹈为什么美吗？"

线段摇摇头说："不知道。"

圆得意地说："这是因为英娘在跳舞时，手和脚都是按着画圆的轨迹来舞动的，才给人美的感觉。这美呀，就美在我们圆上啦！你们懂吗？"

点在原地蹦了两蹦，问："那我和线段算不算美呢？"

圆瞟了一眼点和线段，说："唉，瞧你俩一个长得又瘦又高，一个长得又小又矮，谁会看得上你们呀？"

奇妙的数王国 李毓佩
数学科普文集

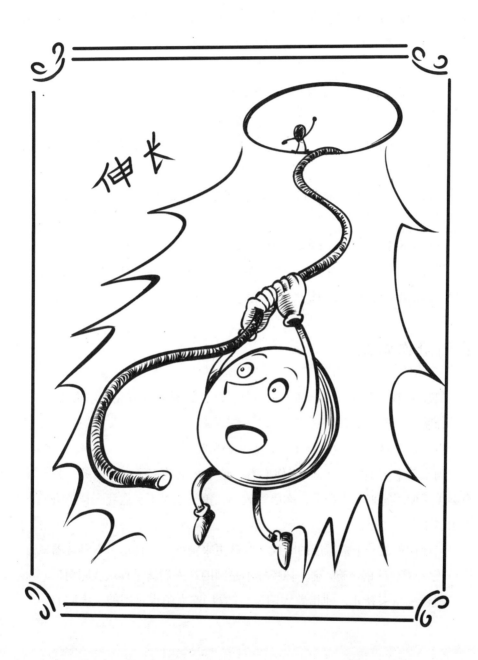

点嘟着嘴说："外表美有什么用？"

圆神气地在地上滚动了两下说："有什么用？哼，大家都特别喜欢我……"正说着，突然飞来一个足球，正巧打在圆的头上。圆"哎哟"叫了一声，咕噜咕噜一直向前滚，线段急忙跑过去把他拉住。

圆摸着被砸的地方，扑哧一声乐了。

线段奇怪地问："被足球砸了一下，你反而乐了？"

"足球运动被誉为世界第一运动，这足球就是圆的！"圆美得左右乱晃，"如果把足球做成长条的，像一个法国面包，这足球不就踢不成了。"

圆越说越高兴，谁知乐极生悲，圆的背后是下水道口，工人正在修理地下排水道，上面的盖子没盖。由于圆的直径比下水道口的直径小，圆东摇西晃，"咚"的一声，跌进了下水道里。

圆在下面喊："快来救我，下面臭极了！"

线段伸了伸腰，把身体拉得长长的，然后头在上面，身子放到下水道里，圆沿着线段爬了上来。

我们给你画像

"哎哟，摔坏我了！"圆一面叫一面喘着粗气。他低头看见下水道盖，又"扑哧"一声乐了。

点问："你都摔成这个样子了，怎么还乐呀？"

圆指着下水道的盖子说："你们看，这下水道的盖子也是圆的。只有圆盖子使用起来大小合适，你尽管放心，盖子绝对不会像我一样掉进下水道里。"

当他们路过一个瓷器店的时候，圆就更来精神了。他指着各种瓷器说："你们看，这锅、碗、壶、杯哪样不是圆的？人们就是喜欢我圆啊！"

圆越说越来劲儿，他指着太阳说："看！连太阳也是圆的，太阳有多美呀！"

线段说："既然你说你美，你给自己画张像吧！"

"那还不容易！"圆说完在地上画了一个圈。

哎哟！这个圈一点也不圆，像个大西瓜。圆不服气，接着又画了一个圈，这个圈就更难看了，活像个泄了气的皮球。圆一个接一个地画圈，结果没有一个圈是美丽的圆。

圆一屁股坐在了地上，低下了头。

点在一旁说："我说美丽的圆，你画的圆可实在不美呀！"线段说："还是我们给你画张像吧！"

"好吧！"点把线段的一头固定在一个地方，然后让线段绕着这点转了个圈儿，看，一个美丽的圆出现了。

线段伸了伸身子，又画出一个大圆；线段缩了下身子，画出来的是一个小圆。

圆吃惊地问："怎么回事？你们俩怎么会给我画像？"

线段解释说："想画圆就少不了点和我。点是圆的圆心，线段是圆的半径。有了圆心和半径，才能画出圆来。"

点拉着圆的手说："你别忘了，你这个美丽的圆，是靠我们这些又矮又小的点和又瘦又高的线段，才能画出来的呀！"

圆羞愧地低下了头。是的，要是世界上没有线段和点，也就没有美丽的圆了。

13. 看谁数得快

看谁数得快

夏日的黄昏，天阴沉沉的，一丝风也没有。青蛙在池塘边呱呱地叫着，小燕子做低空飞行。

小燕子对青蛙说："青蛙大哥，你的叫声虽然大，可是太慢了，听得我很焦急。"

青蛙对小燕子笑了笑说："燕子姑娘，我叫不了你那么快，你快得使我烦躁。"

小燕子噘起小嘴说："叫得快比叫得慢好，不信，我俩比试一下数数和做数学题，我一定赢的！"

青蛙张着大嘴笑呵呵地说："好，我们就比试一下吧！"

小燕子说："先比一下数数，从 1 数到 10，看谁数得快。"

青蛙说："好的。我来发号令，预备——起。"

小燕子以极快的速度数着："1、2、3、4、5、6、7、8、9、10。"

青蛙却不慌不忙地说："二五一十。"

小燕子生气地说："你赖皮，你不是在数数，而是做乘法。"

青蛙笑眯眯地说："反正我这里有一又有十。"

小燕子说："我们比试一下做数学题吧！我让你出题考我。"小燕子一下子飞上了高空。

待小燕子俯冲下来，青蛙不慌不忙地说："上星期一我吃了 1 条虫，上星期二我吃了 3 条虫，上星期三我吃了 5 条虫，以后我每天都比前一天多吃 2 条虫，直到上星期日那天我吃了 13 条虫。请问我上周一共吃了多少条虫？"

小燕子也不思考，张嘴就说：

"1+3 等于 4，4+5 等于 9，9+7 等于 16，16+9 等于 25，25+11 等于 36，36+13 等于 49。一共吃了 49 条虫。"

小燕子在青蛙头上转了一圈，骄傲地说："怎么样？算得对吧？"

青蛙点点头说："你中间算得太快，我跟不上，不过，最后得 49 是对的。"

青蛙的答案快而准

青蛙晃了一下身子说："该你出题考我了。"

小燕子说："上星期一，我也吃了 2 条虫，星期二我吃了 4 条虫，以后每天都比前一天多吃 2 条虫，直到上星期日那天我吃了 14 条虫。你来算算我上周一共吃了多少条虫？"

小燕子得意地想：我也让你一个一个地去加，看你能否算得像我一样快？

没想到，青蛙慢腾腾地说："你上周一共吃了 56 条虫。"

小燕子吓了一跳。她并没有看见青蛙在算，青蛙是怎么得出答案来的呢？

小燕子问："你是怎么算的？说说你的算法。"

"我的算法嘛……"青蛙笑笑说，"其实是你帮助我算的。"

燕子生气地问："我什么时候帮你算啦？"

青蛙慢条斯理地说："你别着急呀！听我慢慢给你讲解。"青蛙用前腿在地上画了 7 个圆圈。

小燕子问："你画圆圈做什么呢？"

"你别着急呀！听我慢慢给你讲解。"青蛙还是那句话。

"真急死人啦！"小燕子着急地说。

青蛙指着圆圈说："一个圆圈就代表一天，这 7 个圆圈就代表着星期一、星期二……一直到星期日。"

"你在做什么呀？"小燕子不明白。

青蛙还是慢慢地讲："请你帮帮忙。你在第一个圆圈里放进 1 条虫，在第二个圆圈里放进 3 条虫……最后一个圆圈里放进 13 条虫。你放完了，就明白我的算法了。"

小燕子一张嘴就叼住 1 条虫，按青蛙的要求放进圆圈里。

这时，青蛙也积极帮忙捉虫，奇怪的是，他不把虫放进圆圈里，而是在每个圆圈外面放 1 条。

青蛙的窍门

小燕子捉够了虫，青蛙也在圆圈外摆好 7 条虫。他对小燕子说："现在圆圈里虫的数目是 1，3，5，7，9，11，13。如果把我放在圆圈外的虫，都放进圆圈里，圆圈里的虫数将是多少？"

小燕子说："变成2，4，6，8，10，12，14啦！"

青蛙说："这正好是你每天吃的虫数，你一共比我多吃几条呀？"

小燕子回答："多吃了圆圈外的7条虫。"

"对了！你吃了49加7，共56条虫。"青蛙高兴地张开了大嘴。

"啊！"小燕子吃了一惊，心里有些生气，"这题是我帮你算了一大半的，现在该我出题考你！"小燕子心想，这次我把数出得大一些，看你能算多快？

小燕子说："你把从1到25的所有奇数相加，求出和来。你先慢慢地算吧，我去捉虫吃。"

小燕子刚想往上飞，青蛙急忙拦阻："别走，我已经算出来了，得169。"

"什么？"小燕子吃惊地问，"你怎么算得这样快？"

青蛙笑笑说："我没有你的嘴快，只好想点主意，找个窍门。"

小燕子有点佩服了，她问："你能把计算方法告诉我吗？"

青蛙爽快地说："怎么不行？你去叼一些小石子来。"

小燕子的动作很快，不一会儿就叼来不少小石子。青蛙把小石子整齐地摆成正方形，然后又用小树棍把它们隔开。

青蛙问："燕子姑娘，你看出窍门来了吗？"

小燕子看了半天，才说："好像从左上角的1开始，是1颗石子、3颗石子、5颗石子……，都是奇数石子。"

青蛙接着说："把这些奇数石子相加，正好得一个正方形。"

奇妙的数王国　李毓佩
数学科普文集

掌握计算的规律

青蛙对小燕子说："把 1 到 25 的所有奇数相加，也一定构成一个正方形。不过，你要想一想，这个正方形的每边上应该有几颗石子呀？"

"嗯……"小燕子停在池边认真地想了想，"我知道了，每边有 12 颗石子。"

青蛙眨一眨大眼睛说："不对！在 1＋3 时，正方形每边有 2 颗石子；在 1＋3＋5 时，每边有 3 颗石子；在 1＋3＋5＋7 时，每边有 4 颗石子。照这样想下去，是不是有这样的规律：

$$2=(3+1)\div 2, \quad 3=(5+1)\div 2, \quad 4=(7+1)\div 2。$$

也就是说，每边的石子数等于加数当中最大的奇数加 1 再除以 2。"

"哦，原来是这样的规律。"小燕子说，"1＋3＋5＋…＋23＋25 当中，最大的奇数是 25，由它们组成的正方形的每边上，应该有 $(25+1)\div 2=$ 13 颗石子。"

"这就对啦！"青蛙高兴地说，"正方形每边有 13 颗石子，你知道整个正方形中有多少颗石子吗？"

"这个我会。"小燕子说，"应该有 $13\times 13=169$ 颗石子，也就是说，从 1 到 25 所有奇数的和等于 169。"

青蛙说："做数学题，除了要计算快之外，还要巧算啊！"

小燕子低头喃喃地说："看来说得快还不成，必须要掌握规律才行。"

14.智破腊肠案

腊肠被偷了

花猫妈妈有4个孩子，这4个孩子身上都有花纹，所以花猫妈妈给他们分别起名叫大花、二花、三花和小花。

4只小花猫中，小花最调皮也最聪明，做什么都爱动脑筋，捉到的老鼠也最多。

最近花猫妈妈领着小猫去粮库围歼老鼠。由于老鼠捉得太多，一时吃不了，花猫妈妈就把老鼠肉剁碎，做成"鼠肉腊肠"。

花猫妈妈用模子和同样长的肠子，做出了各种不同形状的腊肠。底面有三角形和长方形的，也有五边形和六边形的，还有圆形和椭圆形的。

4只小猫瞪着8只大眼睛，看着花猫妈妈忙着做腊肠，腊肠的香味吸引得小猫们直流口水。

腊肠做好了，花猫妈妈对4只小猫说："腊肠是留着过年吃的，你

_____ 奇妙的数王国 李毓佩
数学科普文集

们谁也不许偷吃!"4 只小猫都答应了。

第二天,花猫妈妈发现腊肠少了一根。她问 4 只小猫谁偷吃了,可是没有一只承认是自己偷吃了腊肠。花猫妈妈为了教育自己的孩子要守家规,于是下定决心找出偷吃腊肠的小猫。

花猫妈妈请来了侦破专家老黑狗。老黑狗用鼻子闻了闻装腊肠的篮子,然后问花猫妈妈:"你丢失了什么形状的腊肠?"

花猫妈妈说:"是圆柱形的腊肠。"

老黑狗又问:"你的 4 个孩子中,谁的数学最好?"

花猫妈妈说:"那要数小花了,他聪明、能干,就是有点馋嘴。"

老黑狗要花猫妈妈把小花叫来。老黑狗亲昵地抱起小花亲了一下。待小花走后,老黑狗说:"初步断定,圆柱形腊肠是小花偷吃的。"

花猫妈妈说:"我也怀疑是小花偷吃的,可是没有证据,不能硬说是他偷的呀!"

老黑狗想了一下,对花猫妈妈说:"你再做一根圆柱形的腊肠,然后……"

花猫妈妈宴客

晚上,花猫妈妈说要请客,招待老黑狗。她摆好桌子、椅子后,先请老黑狗坐下,接着领着 4 只小花猫也坐好。

花猫妈妈说:"今天我们设鼠肉腊肠宴来欢迎老黑狗。因为有客人,你们不许乱抢,我让谁拿谁才可以拿。拿完以后不许吃,要回答老黑狗提出的一个问题,答对了才准吃。"

花猫妈妈先拿了一根五棱柱形的腊肠,递给了老黑狗。花猫妈妈说:"我们先敬客人一根,下面该谁拿呢?你们 4 个当中数小花最小,让小花先拿好不好?"大花、二花、三花都"咪咪"叫,表示同意。

只见小花在盘子上扫了几眼，然后拿起一根圆柱形的腊肠。

老黑狗问小花："你为什么偏要拿这根腊肠呢？"

小花眨巴眨巴眼睛说："这根腊肠里的肉多。"

老黑狗问："这是什么道理？"

小花说："妈妈是拿同样长短的肠子做的腊肠。数学上告诉我们：周长相同的三角形中，正三角形的面积最大；周长相同的四边形中，正方形的面积最大；周长相同的所有平面图形中，圆的面积最大。"

老黑狗问："这和腊肠里装的肉多少有什么关系呢？"

"当然有关系了。"小花说，"这些腊肠都是圆柱体，柱体的体积等于底面积乘高。现在高都是一样的，谁的底面积越大，柱体的体积也越大，体积大的当然装肉也多。因此，这些形状不同的腊肠中，以圆柱形的腊肠装肉最多。"

老黑狗又问另外 3 只小猫："你们也懂得这个道理吗？"

3 只小猫一齐摇头："不懂得！"

老黑狗站起来，一把夺下小花手中的腊肠，然后对大家说："我宣布：偷吃腊肠的就是小花！"

小花听了，立刻反问道："你说我偷吃了腊肠，有什么根据？"

智破腊肠案

老黑狗说："道理很简单。第一，你妈妈首先否认了外面动物偷吃的可能性；第二，圆柱形腊肠并没有放在篮子的外面，偷吃者应是经过了挑选才拿走了这根腊肠的；第三，我仔细察看了其他几根腊肠，上面没有留下偷吃者的爪印，说明他并不是一根根拿在手中掂量过重量，才决定拿哪根的。"

老黑狗停了一下，用眼睛盯了小花一会儿，又说："根据上面所说，我们只能得到一个结论：偷吃的是只懂得数学的猫！他懂得这些腊肠中，圆柱形肠装肉最多。经过刚才测试，4只小猫中，懂得这个道理的只有你。"

老黑狗边说边用爪子指着小花，大家的目光都集中到小花的身上，小花的脸顿时红了。

老黑狗咳嗽了一声，清了清嗓子说："另外，上午我在抱小花时，特别闻了闻他身上的气味，我发现他的气味和篮子上留下的气味完全一样。"

小花听完老黑狗的分析，慢腾腾地站了起来，然后走近花猫妈妈的身边低声说："妈妈，那根腊肠是我偷吃的。我错了，下次我再也不这么做了。"

花猫妈妈说："承认就好了。数学知识很重要，一定要好好学，但不许把所学的知识用来做坏事。"

后来，小花真的改正了偷吃的毛病。

15. 不对称的世界

怪人和怪车

晚上，小眼镜在灯下看报，见到报纸上有一行标题《论不对称美》。小眼镜心想："对呀！这个世界上对称的东西太多了，什么东西一多就不稀奇了，也不觉得它美了。如果世界上处处不对称，那该多么有意思啊！"

躺在床上的小眼镜还迷迷糊糊地想着不对称的美……

"砰！砰！"有人敲门。这么晚了，还有谁会来？小眼镜打开门一看，立刻吓了一跳。门口站着一个小怪人，这个小怪人长相很丑。只见他的半个脸大，半个脸小；左胳膊长，右胳膊短；左腿粗，右腿细。

小眼镜紧张地问："你是找我吗？"

小怪人对小眼镜说："对，我正是找你。听人说你特别喜欢不对称，所以我特地请你到我们不对称的世界游览。"他说完就拉着小眼镜的手，

走出了家门。

门口停了一辆汽车，这辆汽车很特别，一边鼓起来，一边陷了下去。小怪人坐进鼓的一边开车，小眼镜只好爬进陷下去的一边，躺在汽车里。

小眼镜奇怪地问："你们的汽车为什么不做成两边一样高呢？"

小怪人笑着回答："两边一样高？像你们的汽车那样？不成，那样就左右对称了。在我们不对称的世界里，没有一件东西是对称的。"

小眼镜不知所措地点了点头。

汽车走起来不但上下颠簸得厉害，而且还左摆右晃。

小眼镜赶紧叫停车，他爬出汽车一看，四个车轮竟没有一个是圆的。

小眼镜指着车轮问："车轮不是圆的，汽车怎么走啊？"

小怪人笑嘻嘻地说："圆是我们最讨厌的形状了。在圆内随便作一条直径，两个半圆都是对称的！我们这儿严格禁止圆形的物体出现。对不起，车轮不能做成圆形的。"

小眼镜只好又爬进车里，一路上，这不对称汽车差不多把他的骨头都摇散了。

不对称的世界

小眼镜和小怪人来到了不对称的世界。这里的楼房七扭八歪，其中有斜三角形的，有梯形的，有的高楼还倾向一侧。

小怪人指着这些建筑物说："你看，这些不对称的楼房多美呀！这里没有一座楼房是相同的，不像你们那儿的楼房，方方正正，像一个个大火柴盒，多么单调！"

到吃晚饭的时间了，他们走进食堂。小怪人递给小眼镜一双一长一短的筷子。

饭后，小眼镜习惯性地把桌上的碗叠起来。哟！怎么叠不起来呀？

小眼镜低头一看，每个碗形状都不同，根本就叠不起来。后来，小怪人领着小眼镜到一间斜房子里休息。小眼镜小心翼翼地躺在一边高一边低的床上，枕着一边高一边低的枕头。他拉了一床被子盖在身上，他知道这床被子一定不是对称图形的，所以就把被子胡乱盖在身上。由于小眼镜这天很疲倦，所以很快入睡了。

一阵喧闹声把小眼镜吵醒了。他一翻身想爬起来，可是他忘了自己是躺在不对称的斜床上睡觉，结果滚到了床下。

小眼镜爬起来一看桌子上的钟，怎么不认识？

小怪人进来，看见小眼镜对着钟发呆，就解释说："我们这里的时间也和你们不一样。我们这儿白天 11 个小时，其中上午 6 小时，下午 5 小时；夜晚 15 小时，前半夜 8 小时，后半夜 7 小时。"

小眼镜惊奇地说："你们连一天内的时间也不对称，怪不得我看不懂这个钟呢！"

小眼镜趴在窗台上往外一看，外面正进行足球比赛。这个足球场也太不合乎标准，半个球场长，半个球场短。两个球门也是一大一小，而且还是歪歪扭扭的。

奇怪的足球赛

小眼镜问："这样的球场怎么比赛？球门都不一样大。"

小怪人说："不能一样大，否则两个门就对称了！"

球赛还没开始，球场上的人就嚷着少了一个人没法比赛。

小怪人说："双方人数不能一样多，一边 11 人，另一边就要 12 人，这样才能保证不对称。"

开球后，一名队员一脚把球传到了对方门前。小眼镜主动上去，急忙用头一顶，心想这个球是必进无疑了。可是小眼镜根本就没顶着球，反而一头撞进了网子里，引得全场哈哈大笑。

小眼镜站起来摸了摸脑袋，心想：怪呀！我明明看见球落在这里，怎么会没有顶着呢？

等小眼镜拿起足球一看，差一点就气昏了。这个足球的一边陷进一块，另一边又鼓出一块。

小眼镜狠狠地把球扔在地上，遇到这样一个足球，根本没法踢。

小眼镜看见远处有许多人在植树，植树造林是好事，所以他就跑过去一起做。

小眼镜抄起扁担一看，一头粗一头细，再低头看两个水桶，一个大一个小。小眼镜从远处的溪边装满两桶水，然后挑回来，但是两头总不能平衡。由于一头重一头轻，走起路来扁担总是一上一下摆动，把他累得满头大汗。等他把水挑回去时，桶里的水只剩下一半。

小眼镜擦着汗，看见旁边有一个既不圆又不方的下水道盖，他想坐上去休息一会儿。谁知道他刚坐上去，下水道盖往一侧一歪，小眼镜掉进下水道里了！

"救命啊！"小眼镜拼命地叫喊。这时有人把他推醒，原来是爸爸在叫他。爸爸问他喊什么，小眼镜向四周看看，长长地松了一口气说："没什么，还是对称好啊！"

16. 红桃王子

戴假发的王子

这天一早，小派背着书包，高高兴兴上学去。

从空中掉下一张扑克牌，正掉在小派的头上："哎呀！什么东西砸我脑壳？"拣起来一看，原是一张扑克牌红桃 J，牌上是一个戴着红帽子、留着假的披肩发、蓄着土耳其式胡子的王子。

小派说："是一张扑克牌呀！是红桃 J，上面画的是个王子。"

突然，王子从扑克牌里跳了出来，双脚一着地就开始伸懒腰："啊——我自由了！"王子连伸几次懒腰，伸一次就往上长高一截，不一会儿，个头长得比小派还高。

小派惊奇地说："哇！你是红桃王子吧？你伸了几次懒腰，长得比我还高了！"

王子伸出了手，对小派说："咱俩交个朋友好吗？"

　　　　　　　　　　　　　　　　奇妙的数王国　李毓佩 数学科普文集

"交朋友？可是我又不玩扑克牌呀！"

王子严肃地说："你以为扑克牌仅仅是个玩具吗？"

小派摇晃着脑袋问："没听说扑克牌还有别的用途啊！"

"你跟我走一趟。"说完王子挟起小派飞了起来。

小派问："你要干什么？"

王子笑着说："别怕，我带你去玩一玩。"

王子挟着小派往前飞，耳边的风声呼呼作响。飞了有一刻钟的时间，前面有一张巨大的方片 A 挡住去路。

王子说："我先带你去方片王国玩玩。"

王子挟着小派，"嗯"的一声，冲破方片 A，进入了方片王国。

王子降落下来："我们进入方片王国了。"

小派看到里面是一派春天的景象，嫩黄的迎春花盛开，草儿已经返青，鸭子在水面上游弋，树上也长出新叶，不过树上的所有的叶子都是菱形的。

小派呼吸着初春新鲜的空气："这里是春天。可是怎么叶子都是菱形的呐？"

王子解释说："方片王国，到处都是方片嘛！"

小派感慨地说："方片王国是一个春天的国度。"

"我带你到我的国家看看。"王子又挟起小派，向一张巨大的红桃 A 飞去。

飞进红桃王国，小派立刻感到气温骤升，头上都出汗了。红桃王国是个大花园，艳丽的荷花盛开，荷叶很特别，是红色的桃形叶。

"真热啊！"小派不断擦着汗，"唉，我说红桃王子，你这儿的荷叶怎么是红色的桃形叶？"

王子说："当然喽！你到了红桃王国了，一切都应该是红桃形状的。"

小派点点头："红桃王国是盛夏。"

王子又带小派去了一个王国，这里的果树上挂满了丰收的果实，墨菊盛开，叶子是黑色桃形的。

王子问："小派，你猜猜，这是什么季节？这是哪个王国？"

小派想了想说："菊花盛开，嗯……是秋天，是黑桃王国。"

"还是小派聪明！"王子挟起小派又往前飞去，"咱们还是换一个王国吧！"

又到了一个王国，那里雪花纷飞，梅花盛开，寒气逼人。

小派打着哆嗦："哎呀，冻死我了！这肯定是冬季。梅花盛开，咱们到了梅花王国了吧？"

"对极啦！"王子说，"我们扑克牌的四种花色，分别代表了春、夏、秋、冬四季，怎么能说我们就是一种玩具呢？"

小派摸摸脑袋："这……"

恺撒皇帝

小派是个爱动脑筋的孩子，他反问："扑克牌里除了有四季，还有别的吗？"

王子说："我问你，一年有多少个星期？"

"52 个星期，这谁不知道？"

王子递给小派一副扑克牌，把大王和小王拿走："你数数一副扑克牌有多少张牌？"

"1，2，3，…，51，52。啊，不算大王、小王，正好 52 张！"

王子一竖大拇指："扑克牌里有 52 个星期，棒不棒？"

小派眼珠一转："我给你出个难题，叫你答不上来！"

"你说！"

小派说："一年有 365 天，你扑克牌里没有了吧？"

"谁说的？"

王子拿出一张红桃 A，问："这 A 你们打牌时算几？"

"算 1 啊！"

王子同时拿出红桃 J、Q、K 三张牌，问："这 J、Q、K 又算几？"

"J 算 11，Q 算 12，K 算 13。这谁都知道。"

王子又说："如果把大、小王合起来算作 1 的话，你算算整副扑克牌共有多少点？"

"这容易算。"小派口中念念有词，"先算红桃的点数：1＋2＋3＋4＋5＋6＋7＋8＋9＋10＋11＋12＋13＝91，红桃有 91 点。"

小派接着说："扑克牌有四种花色，共有 91×4＝364，再加上大、小王算 1，哇！正好是 365 呀！"

小派竖起大拇指："红桃王子，扑克牌里还真有学问，你还真有知识。不过，我还有问题。"

"有问题你就问。"

小派说："有一个问题我一直弄不清楚。为什么有的月份 30 天，有的月份 31 天呢？"

王子说："想弄清楚这个问题嘛——你还是跟我出趟远门吧！"王子又挟起小派往前飞。

小派问："咱俩去哪儿？"

王子回答："回到两千年前的古罗马帝国，去问问恺撒皇帝。最早的日历是他制定的。"

飞了有一个多小时，他们来到一座欧洲宫殿前落下。宫殿门口有两名全副武装的士兵把守，红桃王子带着小派，大步往里走。

士兵甲高声叫道："红桃王子到！"

士兵乙喊："敬礼！"

进了宫殿，只见恺撒皇帝坐在正中的宝座上，两旁站着文武百官。

奇妙的数王国　李毓佩
数学科普文集

王子向恺撒皇帝行过晋见礼。

恺撒皇帝问："红桃王子找我有什么事呀？"

王子回答："我的好朋友小派，对您制定的日历有不明白之处，特来求教。"

恺撒皇帝看了小派一眼："有什么问题，问吧！"

王子见小派有点犹疑，就鼓励说："小派，你大胆地问。"

小派镇定了一下，说："恺撒皇帝，你制定日历时，为什么每月的天数都不一样？"

恺撒说："我出生在7月，7月就应该是伟大的月份。伟大的月份应该长一些，7月就应该是31天。"

小派又问："可是有31天的不仅仅是7月啊！"

"对！"恺撒说，"7又是单数，我于是下令，凡是单数月都是31天。双数月是30天。"

小派摇摇头说："不对，2月就不是30天。"

恺撒皇帝发怒了："这个小派好大胆，敢说我不对，拉出去砍了！"

两名士兵答应一声："是！"架起小派就往外走。

王子赶紧上前求情："恺撒皇帝请息怒，小派是两千年后的人，他不懂这里的规矩。"

这时一名将军匆匆赶来，向恺撒报告："报告陛下，昨天杀了30名犯人，今天杀了35名犯人，明天杀多少？"

恺撒皇帝正在火头上，他下令："杀40！"

恺撒出了一口气，解释说："2月是我们罗马帝国杀犯人的月份。为了少杀几个人，我把2月减少1天。这样2月份平年是29天，闰年才30天。看，我是多么仁慈！哈哈！"

小派指着恺撒皇帝喊道："你天天杀人还仁慈哪！你是杀人魔王！"

恺撒皇帝大怒，站起来吼叫："气死我啦！给我抓进死牢！"

"是!"士兵们押起小派。

小派回过头对红桃王子说:"红桃王子要救我!"

王子连连点头:"我一定救你!"

新皇帝不识数

小派在监狱没呆几天,红桃王子跑来对小派说:"好消息!恺撒皇帝去世了,要换新皇帝了。"

小派不以为然:"换皇帝?换汤不换药!换了新皇帝,对我有什么好处?"

王子说:"新皇帝上台都要大赦,大赦就是把许多犯人都放了。"

小派激动了:"真的?我有希望出去了!"

正说着,一名军官来了,他大声宣读诏书:"奥古斯都皇帝赦免小派,命红桃王子带小派晋见新皇帝!"

红桃王子赶紧带着小派去见奥古斯都皇帝。奥古斯都皇帝坐在恺撒皇帝的宝座上。

王子上前行礼:"拜见奥古斯都皇帝。"

奥古斯都皇帝看了他俩一眼,说:"你们来得正好,我正要宣布重要决定。"

在场的文武官员听说新皇帝要宣布决定,立刻肃立。

奥古斯都皇帝说:"由于我出生在 8 月,8 月应该是伟大的月份。"

小派在下面插话:"因为是伟大的月份,8 月应该 31 天。"

奥古斯都皇帝一听非常高兴:"对!说得对极了!不但 8 月要改,8 月以后的双月也改为 31 天!而 8 月以后的单月改为 30 天。"

小派听了"扑哧"一乐:"嘻,这个新皇帝不识数。"

奥古斯都皇帝忙问:"我为什么不识数?"

李毓佩
数学科普文集

小派说:"8、10、12 这三个月从 30 天增加到 31 天,一共增加了 3 天。而 9、11 月从 31 天减为 30 天,才减少 2 天呀!差 1 天呐!"

"是差 1 天。"奥古斯都皇帝想了想说,"这样吧,2 月再减少 1 天,平年 28 天,闰年 29 天。"

小派睁大了眼睛,说:"哇!原来这一个月有多少天,都是皇帝说了算的。我不玩了,红桃王子带我回到我生活的那个时代吧!"

听说小派要走,奥古斯都皇帝着急了:"这个小派非常聪明,不能让他走!"士兵立刻围了上来。

红桃王子喊了一声:"走!"挟着小派飞了起来,约有 1 小时,又飞回到现实世界。

小派笑嘻嘻地对红桃王子说:"还是我生活的时代好!"

两人说说笑笑逛大街,看到在一家商店门口有许多人在看一张告示。

王子好奇地问:"那些人在看什么哪?"

"过去看看。"小派走过去看到告示上写着:

猜中有奖

你能从下表中选出 5 个数,使它们的和等于 20,即可得大奖!

1	1	1
3	3	3
5	5	5
7	7	7

王子歪着脖子看了半天:"我怎么找了半天,也找不着这 5 个数!"

小派笑了笑说:"这 5 个数根本就不存在!"

"为什么?"王子想不通。

小派说:"表里的数都是奇数,5 个奇数相加只能得奇数,不可能得偶数 20。走，咱们找经理领奖去！"

小派对经理说："经理，由于表里的数都是奇数，所以这 5 个数不存在。"

经理夸奖说："小同学真聪明，这盒奖品送给你。"经理送他一方盒奖品。

打开礼品盒，里面是巧克力糖，小派说："咱俩一起吃吧。"

王子拿起一块糖，惊讶地说："看，这盒里面还有一个问题呐！"

我也来个大脑壳

王子读题："请把这个方盒拆开，摊平。说出 1 号面与哪号面相对？2 号面与哪号面相对？猜对有奖。"

小派拆开方盒："拆开是这样的。"

"这次我一定要猜中！"王子自言自语，"我怎样才能聪明呢？对，我把脑袋弄大。嘿，脑袋大——"

眼看着王子的脑袋大了一倍，把小派吓了一跳："哇！你的脑袋怎么这样大？"

王子得意地说："大脑壳聪明呀！我说 1 号对着 4 号，对不对？"

小派摇摇头："不对！ 1 号应该对着 3 号才对！"

王子皱着眉头说："怎么回事？我脑袋这么大了，还是不聪明？"

小派拍着手："哈哈，聪明和脑袋大小没关系。"

王子红着脸说："既然没关系，我还是恢复原样吧！"

王子的脑袋又恢复原状。

王子又说："2 号对着 5 号对不对？"

"对啦！领奖去！"

小派和红桃王子领了奖，继续往前走，只见一个又黑又胖的男子，举着一个电动火箭在大声叫喊："玩啦！玩啦！一翻两瞪眼！一元钱玩一回，赢了就得电动火箭！"

"一翻两瞪眼？"王子不明白。

这时，见到几个小朋友每人交一元钱，并从黑胖子手中扣着的扑克牌中抽取一张。

黑胖子继续喊："交一元钱抽一张扑克牌，一会儿大家一齐翻牌，谁点大谁赢！"

黑胖子也抽出一张扑克牌，和小朋友一起翻牌："大家把眼睛瞪圆啦！这就翻牌了！一翻立刻就知道谁输，谁赢！这就叫一翻两瞪眼！预备——翻！"大家同时把牌翻过来。

黑胖子念着小朋友手中的牌："你是 2，你是 5，你是 9，你是 Q，看！我是黑桃老 K，13 点，哈！我赢了！电动火箭还归我。"

王子小声对小派说："我看出来了，这个黑胖子在弄虚作假！你去玩一次。"

"好！"小派交一元钱抽了一张牌。

黑胖子继续喊道："赢了就得高级火箭！快来抽牌呀！"

黑胖子看人差不多了，就迅速抽了一张牌："一翻两瞪眼啦！预备——翻！"在翻牌的一刹那，王子迅速把黑胖子手中的黑桃 K，换成了红桃 J。

黑胖子看小派手中是红桃 Q，而自己手中的黑桃 K 却变成了红桃 J。

黑胖子大叫："呀，我的牌怎么不是黑桃 K 了，变成红桃 J ？"

小派举着牌说："我的牌是红桃 Q，12 点，我赢啦！电动火箭归我了吧！"

黑胖子举着电动火箭，蛮不讲理地说："不给！我每次都把黑桃 K 留在手里，今天怎么变成红桃 J 了？有鬼！"

小派一指黑胖子："有鬼的不是别人，恰恰是你！你为什么每次都能抽到老 K？"

黑胖子说："那是我手气好，这个电动火箭就是不给，你能怎么办？"

王子抽出宝剑，用剑指着黑胖子："黑胖子，你如此不讲理，今天我教训教训你！"

黑胖子把脖子一歪："想打架？那你算找对人啦！"

他拿出一个用一根绳子拴着五个铁球的武器。

黑胖子冷笑说："嘿嘿，你认识吗？这叫作'五连锤'，让你尝尝它的厉害！"说着就把五连锤抡了起来，五连锤舞起来呼呼带风，王子近身不得。

黑胖子还一个劲儿地叫阵："有胆的你上来！""呼——呼——"五连锤越舞越快。

王子对小派说："还真上不去！"

"停！"小派说，"我说黑胖子，我给你拿去一个铁球，你还能耍吗？"

黑胖子不屑地说："能！但是每段绳子的两头都要有铁球。"

小派从他的"五连锤"中摘下一个铁球，再两头接上，变成一个圈。

小派说："你来耍耍这个。"

黑胖子把圈套在腰上，练起了呼拉圈舞："我只能练呼拉圈舞了！转！转！"

王子拍手叫好："嘿，真好玩！"

黑胖子坏

王子指着黑胖子说："输了不给电动火箭，还要打人，你真坏！"

黑胖子双目圆瞪："你说我坏，是对我人身攻击，你要赔偿我的名誉损失！"

红桃王子反驳说："我说的都是事实！"

黑胖子唾沫星子飞溅："你这是诬蔑！"

"好了，好了，不要吵了。"小派说，"黑胖子，你只要能把下表中的'黑''胖''子''坏'四个字换成四个数，使得每一行、每一列和对角线上的四个数之和相等。"说着小派画了一个表：

96	11	89	68
88	黑	胖	16
61	子	坏	99
19	98	66	81

黑胖子说："这么难呐！"

"我还没说完哪！换好数之后，还要把图倒过来看，每一行、每一列、对角线之和大小不变，就说明你不是坏蛋，我们就赔偿你的名誉损失。如果填不出来，就说明你黑胖子是坏蛋！"

黑胖子来了个倒立看这个表："我正看是'黑胖子坏'，我倒着看还是'黑胖子坏'呀！"

黑胖子看了半天，摇摇头说："我不会，我估计你们也不会！"

小派对红桃王子说："王子给他分析分析。"

王子分析："倒过来还是一个数的数字，只有1、6、8、9四个数字。必须从这四个数字中找出两个数来搭配。怎么找呢？由于第一行相加96＋11＋89＋68＝264，从264中减去两边的数，然后再搭配。应该这样填。"王子把表填好：

96	11	89	68
88	69	91	16
61	86	18	99
19	98	66	81

王子对黑胖子说："你填不出来，而我填出来了，说明你是坏蛋，你这个坏蛋就应该把电动火箭给我！"

说完王子就要去拿电动火箭。

"怎么，还要动手来抢？"黑胖子吹了声口哨。

听到口哨声，跑来了三个流氓："咱们的头叫咱们呐！快走！"

小派问王子："来了几个坏蛋？"

"我仔细看看。"王子说，"几个坏蛋排队走，最前面的走在两人前，最后面的走在两人后。"

小派一晃脑袋："嗨！说了半天，来了三个坏蛋。咱俩怎么办？"

"和他们打呀！"王子抽出宝剑，和三个坏蛋打在了一起。

王子抖了抖宝剑，喊道："让你们尝尝我红桃 J 的厉害，杀！"

流氓甲连退两步："嘿，他是扑克牌！"

黑胖子照着小派就是一拳："让你尝尝我黑胖子的铁拳！"

"咚"的一声，小派被黑胖子打倒在地。

小派大叫："红桃王子，我打不过黑胖子！"

王子把手机扔给小派："快拨手机，号码是 1248163264128。"

"好的！"

红桃老 K 来了

小派忙着拨手机："号码是 1248163264128。"

黑胖子感到奇怪："嘿，你的记忆力可真好，这么长的数字，说一遍就记住了！"

小派说："我是把数字分了组。其实分了组，你也能记住。"

黑胖子来了兴趣，也不打架了。他忙问："怎么分组？"

小派边说边写："你看！分组以后就是1，2，4，8，16，32，64，128。看出规律了吧？"

黑胖子眼睛一亮："哈！我看出来了，相邻两数，后面的是前面的两倍。"

小派点点头："行，你还不傻！"

黑胖子转身，指挥三个坏蛋围攻红桃王子："你们快把这个红桃王子抓住！"

正当红桃王子渐渐不支的时候，突然，红桃K带着一队扑克牌士兵跑来。

红桃K问："谁要抓我的王子？"

红桃王子高兴地说："好啊！父王来了！"

黑胖子吃惊地叫喊："哇！红桃老K带着兵来了，兄弟们，快跑吧！"说完带着三个坏蛋就要逃走。

红桃K下令："把他们给我围起来！"

"是！"扑克牌士兵把黑胖子和三个坏蛋围在了中间。

黑胖子不肯束手就擒："弟兄们，咱们和他拼了！"

三个坏蛋呼应："对，拼了！"

"嗬，还想抵抗？"红桃K说，"听说小派数学很好，我想让你给我摆个阵，把这几个坏蛋围在阵中。"

王子在一旁插话说："没问题，小派准能办到。"

红桃K命令："红桃、黑桃、梅花、方片四种花色的4、5、6给我站出来！"

扑克牌士兵答应："是！"站成一行扑克牌士兵。

红桃 K 在地上画了个图，对小派说："请你把这 12 名扑克牌士兵排进这些圆圈中。"

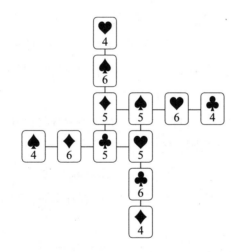

小派问："还有什么要求？"

红桃 K 说："要求图中的 4 条直线，每条直线上的 4 名士兵，以及一个正方形边上的 4 个士兵花色不同，还要求这 4 个士兵的数字和都等于 20。"

王子在一旁说："父王，这也太难了吧！"

小派却说："不怕，看我的！"

他边想边排，不一会儿，小派说："我想出来了一种排法！"他排出了一种阵式：

_____ 奇妙的数王国　李毓佩
数学科普文集

包围黑胖子

黑胖子一伙落入了小派排的阵中。

一个坏蛋着急地说："老大，咱们落入人家的阵里了。"

黑胖子一挥手："给我往外冲！冲啊！"

扑克牌士兵一齐举枪："杀——"黑胖子被士兵给杀回来了。

黑胖子又一挥手："换个方向，跟我冲啊！"

"杀——"黑胖子又被扑克牌士兵挡了回去。

黑胖子一看，往外冲是不可能了，就开始和红桃 K 讲条件。

黑胖子问："红桃老 K，我怎样做，才能放我们出去？"

"你只要做出这道题。"说着红桃 K 拿出一张卡片说，"我这张卡片上有 4 个 8，4 个 0。你把卡片剪两刀，拼成一个正方形，使正方形里的数字之和等于 0。"

黑胖子拿着卡片左看看，右看看，然后摇摇头："这纯粹是开玩笑！剪两刀能把 4 个 8 剪没了！除非是把这张卡片烧了。"

小派拿过卡片："我要是剪出来呐？"

黑胖子一拍胸脯："你要是能剪出来，我黑胖子今后再也不干坏事了。"

"说话要算数！"小派拿过剪刀剪了两刀。

黑胖子吃惊地说："啊，你是把 8 都剪开了，都变成 0 了！真没想到。"

 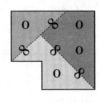 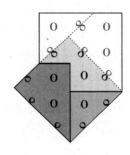

红桃 K 问黑胖子：“小派已经解答了这个问题。你怎么办？”

黑胖子捶胸顿足地说：“我保证今后不再干坏事。”

红桃 K 命令扑克牌士兵：“既然黑胖子保证不再干坏事，就放他们走吧！”士兵让开了一条通道。

“谢谢红桃国王。”黑胖子转身就走。

“慢着！”红桃 K 叫住了黑胖子。

“还有什么事？”

“你知道我为什么总考你数学智力题？”

“你是看我黑胖子傻呗！”

“不对！”红桃 K 说，“如果一个人不会数学，说明他文化水平不高，不理智。这种人就容易办错事，干坏事！你回去要好好学习数学。”

“是！”黑胖子很乖。

黑胖子走后，小派问红桃王子：“你相信黑胖子真能不干坏事？我不信。”

王子说：“咱俩偷偷跟着他，看看他去干什么？”

小派和王子暗暗跟着黑胖子。

黑胖子来到一个山洞前，洞门紧闭。黑胖子在门上划了几道，门自动打开了。

他回头看了看，一招手：“快进来！”三个坏蛋迅速钻进洞里，进去后洞门自动关上了。

小派和王子躲在外面静静地等着。过了一会儿，洞门又开了，只见他们从洞里扛出许多捆书，装上了汽车。

黑胖子在一旁催促：“快装，别让警察发现！”

汽车装满后就开走了，洞门重新关上。

小派说：“咱们进去看看，里面藏着什么？”

“好！”红桃王子抽出宝剑，三窜两跳来到了洞门口。

紧闭的大门上，画有一个图，还有一行字：

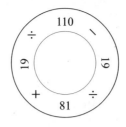

　　如果能把图中的数字和符号分成四部分，使每一部分都有一个算式，并且四个算式的答数相同，则大门自开。

打开洞门

　　王子看着图发愣："这怎么分法？我不知从哪儿下手啊！"

　　小派凑近看了看："你必须把这四个数字都拆开，你看！"小派把图分成了四部分。

　　王子高兴地说："哈哈，每一部分答数都得9，真巧妙！"

　　王子迅速把图分开，门"吱呀"一声，自动打开了。

　　"门打开了。"

　　小派说："快进去看看！"

　　里面是个大书库，王子惊叹："这么多的书！"

　　小派翻看这些书："我看看都是些什么书？"

　　小派翻了几本书，生气地说："呀！黄色书、迷信书、赌博书，这些书都是坏书。"

　　王子问："怎么办？"

　　小派当机立断："应该到公安局去举报他们！"

　　小派刚想出去，黑胖子堵在洞口："想去举报？你问问我的拳头让不让你去？”

黑胖子一招手：“来人，把他们两个抓住！”

“冲啊！”一群坏蛋冲了上来。

小派拼命抵抗：“我在这儿顶住，你快用手机拨打110，报警！”

“好！”王子拨打手机。

王子对着手机大声说：“110吗？在山洞里发现大批坏书，我们正在和坏人搏斗，你们快来！”

随着一阵警笛声响，警察及时赶到：“不许动！举起手来！”黑胖子乖乖地把手举了起来。

警察审问一个矮个儿坏蛋：“这书库中的坏书有多少？快说！”

矮个儿坏蛋指着墙上的图，说：“乙盘固定不动。甲盘沿着乙盘外沿顺时针转动。当转到 A 点时，甲盘上的数字和，是黄色书的捆数；当转到 B 点时，甲盘上的数字和，是迷信书的捆数；当转到 C 点时，甲盘上的数字和，是赌博书的捆数。”

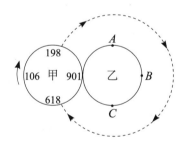

王子自告奋勇：“我来算算：黄色书和迷信书是一样多，各有 106＋819＋901＋861＝2687 捆；赌博书有 198＋106＋901＋618＝1823 捆。”

小派说：“哇，真不少！”

警长走过来说：“谢谢红桃王子！谢谢小派！你们帮我们铲除了大害。”

小派不好意思，搓着手说：“不谢！这是我们应该做的。”

一转眼，红桃王子不见了。

"红桃王子！红桃王子！"小派到处找红桃王子。

小派听到自己的口袋里有人说话："小派，我在这儿呐！"

小派从口袋里拿出一张扑克牌红桃 J，牌上的王子正冲他微笑呐。

17. 鹰击长空

小鹰阿尔法

　　小鹰阿尔法长大啦！他告别了父母，独自向蓝天飞去。天高任鸟飞，阿尔法张开一对宽大的翅膀，利用高空中的气流在空中翱翔，真是美极啦！

　　一队大雁排成"人"字形，缓缓向他飞来。阿尔法对带头雁说："你们好，一百只大雁！"

　　带头雁说："不，尊敬的雄鹰，我们不是一百只雁！如果我们再增加 100%，再增加 50%，再增加 25%，最后再加上你才够一百只，你说我们有多少只大雁？"

　　阿尔法摇晃着脑袋想了半天，说："我不会算啊！"

　　带头雁点了点头，说："这是一道百分数题。设我们的雁数是百分之百，即 100%，后来陆续增加了 100%，50%，25% 和 1 只。总共的百

　　　　　　　　　　　　　　奇妙的数王国　李毓佩
　　　　　　　　　　　　　　　　　　　　　　　　数学科普文集

分数是

$$100\%＋100\%＋50\%＋25\%＝275\%。$$

这就是说，原来大雁只数的 275% 是 $100-1=99$（只），原来的雁数为：

$$99÷275\%＝99×\frac{100}{275}＝36（只）。$$

阿尔法这才明白，他说："你们这群大雁才 36 只啊！"

带头雁语重心长地说："你要成为一只真正的雄鹰，不仅要有搏击长空的本领，还要会数学，做到心中有数！"

经过带头雁的指点，小鹰阿尔法似乎明白了许多。

"哈哈……"突然传来一阵狂笑，令人毛骨悚然，雁队听到这笑声都变了形。

"谁?"阿尔法警惕地向上飞起五十多米。

"不要怕，是我，秃鹫，外号'坐山雕'。"只见这只大鸟体长有 1.2 米，身上披着黑褐色羽毛，脖子很长，脖子上没有毛，皮肤呈铅蓝色，正缓缓飞来。

带头雁对身后的大雁说："快飞，他专吃腐肉，一肚子坏心眼儿！"一队大雁匆匆飞走了。

阿尔法厉声问道："秃鹫，你想干什么?"

秃鹫转了一个圆圈儿，稳稳地落在山顶的一块大石头上。他伸了伸脖子说："看来你是一个出道不久的小雏鹰。你要想在这蓝天上生存，想成为一只令人生畏的雄鹰，没有我'坐山雕'的帮助是绝对不成的！"

阿尔法绕着秃鹫飞行，问："你怎么帮助?"

秃鹫说："我给你立个规矩，你今后按规矩办事！"

秃鹫的规矩

秃鹫说要帮助小鹰阿尔法，但要给阿尔法立几条规矩。

阿尔法问："什么规矩？"

秃鹫眨了眨眼睛说："我是远近驰名的慈善家。我吃肉，可是从来不去捕杀生灵，别的动物捕捉到了猎物，有时吃不了，为了避免浪费，我帮助收拾残局。"

阿尔法又问："你对我说这些干什么？"

"请不要着急，我说的这些都和立规矩有关。"说到这儿，秃鹫突然把头高高抬起，左右看了看说："好像狮子刚刚捕捉到一头野牛，我要去看看。"说完他就向草原方向飞去。

阿尔法定睛一看，果然，在前面的草原上，有两只狮子把一头野牛按倒在地上。几只秃鹫几乎同时飞临其上空，一面盘旋一面鸣叫。

等狮子吃饱走开，几只秃鹫饿虎扑食般地扑向野牛的尸体，一面啄食，还一面为抢食而争斗。转眼间，野牛只剩下一堆骨头。

秃鹫又飞回到山顶，很得意，一面咀嚼着嘴里的残肉，一面说："你看见了吧！我帮助狮子打扫了战场。好，我接着说。你每天去捕猎一种动物，什么野兔呀，山羊呀，都行。你送到这个地方来。"

阿尔法问："干什么？"

秃鹫认真地说："我教你数学啊！大雁说得对，不懂数学的鹰不是真正的雄鹰！"

"怎么个学法？"

"我出一道题你来回答。你答对了，你先吃猎物；你答错了我先吃猎物。怎么样？"秃鹫显得十分公平。阿尔法点了点头。

第二天早上，阿尔法抓着一只野兔来找秃鹫。秃鹫看见一只大兔子，按捺不住内心的喜悦。

秃鹫说："如果这只兔子让我先吃的话，我要分三次吃完，第一次给你留下兔子的 $0.\dot{1}$，第二次给你留下兔子的 $0.0\dot{1}$，第三次给你留下兔子的 $0.00\dot{1}$。你说说三次总共给你留下了多少兔子？"

阿尔法摇了摇头。

秃鹫"嘿嘿"一阵冷笑："按着我立的规矩，我要先吃。"他低下头，用带尖的大嘴，只几下就把兔子肉全吃光了。

阿尔法问："你怎么把肉都吃光啦？"

"对呀！"秃鹫解释说，"$0.\dot{1}=\dfrac{1}{9}$，$0.0\dot{1}=\dfrac{1}{90}$，$0.00\dot{1}=\dfrac{1}{900}$，加起来是

$$\frac{1}{9}+\frac{1}{90}+\frac{1}{900}=\frac{100+10+1}{900}=\frac{111}{900}=\frac{37}{300}。"$$

阿尔法急问："你应该给我留下兔子的 $\dfrac{37}{300}$ 呀！"

"对，这就是兔子的 $\dfrac{37}{300}$。"说着秃鹫把一堆兔子骨头推给了阿尔法。

徒弟考师傅

一连三天，小鹰阿尔法捕获的食物都被秃鹫吃光了。三天没吃东西，阿尔法有点儿飞不动了。他一想到明天秃鹫出的数学题还是答不出来，又要饿上一天，不禁一阵眩晕，身子从高空急速下坠。

不好！说时迟，那时快。一只大天鹅急速飞了过来，他用背接住了阿尔法。天鹅把阿尔法放在草地上，喂他水和食物。

阿尔法醒了过来，谢过天鹅救命之恩，又讲述自己这两天的遭遇。

天鹅生气地挺直了脖子，说："那个狗头雕最不是东西！"

阿尔法校正说："他自称'坐山雕'！"

"不，我们都叫他狗头雕！今天要好好治治他！"天鹅附在阿尔法耳边小声说了几句，小鹰点了点头，然后向高山飞去。

奇妙的数王国

李毓佩
数学科普文集

秃鹫见阿尔法空手而至，满脸不高兴，问："猎物呢?"

"咳，别提啦!"阿尔法说，"我早上起来就去寻找猎物，结果一只兔子也没看见。我想抓只小鸟吧!"

秃鹫忙问："抓住了吗?"

阿尔法说："三棵树上原来有36只鸟。我想哪棵树上的鸟多，我就扑向哪棵树。我这么一犹豫，只见有6只鸟从第一棵树上飞到第二棵树，然后又有4只鸟从第二棵树飞到第三棵树上。我再一数，结果三棵树上鸟的数目相等了。你说我原来应该扑向哪棵树?"

秃鹫"嘿嘿"一笑，说："徒弟要考师傅啦! 这个问题最好倒着往回推：三棵树上的鸟数最后相等，每棵树上都有12只。"

阿尔法点点头说："说得对。"

秃鹫接着分析："可是第三棵树上原来并没有12只鸟，是因为从第二棵树上飞来4只，才有12只，原来只有12−4＝8（只）。"

阿尔法又问："第二棵树原来有多少只?"

秃鹫说："第二棵树上的鸟原来也不是12只，只是飞来6只，飞走4只以后才有12只鸟，第二棵树上原来有12−6＋4＝10（只）。第一棵树上原有12＋6＝18（只）。"

阿尔法顿有所悟："原来我应该扑向第一棵树!"

秃鹫两眼一瞪，脖子一伸，厉声说道："去给我弄点儿吃的来!"

阿尔法犹豫了一下，说："我发现了一只死天鹅，我弄不动他。"

秃鹫面露喜色，催促说："快带我去!"

一只死天鹅

小鹰阿尔法带着秃鹫从高山上起飞，向东北方向猛扑，很远就看见在草丛中卧着一只白天鹅，万绿丛中一点白，十分醒目。

"好大的天鹅！"秃鹫一俯身就向白天鹅扑去。他急速下滑到距天鹅有 10 米高的地方，猛地又向上拉起，直插高空。

阿尔法问："怎么不下去吃？"

秃鹫"嘿嘿"一笑，神秘地问："这只天鹅真是死的吗？"

"当然啦。"阿尔法肯定地说，"我一早就看见他躺在那儿，到现在也一点儿没动。"

秃鹫眼睛盯住阿尔法，问："他死了一上午了，怎么不见其他的'坐山雕'来赴这顿美餐啊？"

"可能其他秃鹫很少光顾这里。"阿尔法忙做解释。

秃鹫想了想，命令道："你去狠狠啄这只死天鹅，啄他的头，啄他的胸，啄他的背！"

阿尔法心中暗骂："好狠心的秃鹫！"但是他外表却不动声色。阿尔法问："我要啄多少下啊？"

秃鹫眼珠一转说："你啄他头的次数占总数的一半，啄胸部占总数的 $\frac{1}{3}$，啄背部比啄胸部少 25 次。"

阿尔法为难地说："可是我不会算啊！"

"哼！"秃鹫不屑一顾地说，"这么简单的问题也不会？你可以把啄天鹅的总数设为 1，啄头占 $\frac{1}{2}$，啄胸占 $\frac{1}{3}$，啄背就占总数的 $1-\frac{1}{2}-\frac{1}{3}=\frac{1}{6}$。"

阿尔法问："往下怎么办？"

"啄胸比啄背多 $\frac{1}{3}-\frac{1}{6}=\frac{1}{6}$。这 $\frac{1}{6}$ 是 25 次，可以算出总次数是

$25 \div \frac{1}{6} = 25 \times 6 = 150$ （次）。"秃鹫一口气算完了，然后催促阿尔法快去啄。

阿尔法飞到天鹅身边，假装用力地啄了起来，头上啄 75 下，胸部啄 50 下，背部啄 25 下。

阿尔法对秃鹫叫道："150 下啄完啦！再啄就成天鹅酱啦！"

秃鹫"嘿嘿"一阵冷笑，说："天鹅酱更好吃！"说完一张翅膀就飞到了天鹅身边，他伸长脖子就去啄食天鹅。突然，他又停住了，他自言自语道："小鹰啄了一百多下，天鹅身上怎么一点儿血也没有啊？"

可是已经晚了，白天鹅突然从地上跃起，张嘴咬住了秃鹫的长脖子。秃鹫痛得"哇呀呀"乱叫，与白天鹅厮打起来，小鹰阿尔法也赶来参战，经过一番苦战，秃鹫终于挣脱出去飞走了。

秃鹫的脖子受了重伤，脖子也歪了。从此，人送外号"歪脖坐山雕"。

大战黑乌鸦

白天鹅狠狠地教训了一下秃鹫，又用了一段时间教小鹰阿尔法学数学。阿尔法谢过白天鹅的帮助，展翅向白云深处飞去。

阿尔法正在空中翱翔，突然耳边传来"呀呀"的叫声，他扭头一看，见一群秃鼻乌鸦向自己飞来，不一会儿就将阿尔法团团围住。

阿尔法问："你们想干什么？"

一只最大的领头乌鸦恶狠狠地说："想干什么？想替我们的好朋友——歪脖秃鹫报仇！"

"歪脖秃鹫怎么会成了你们的朋友？"阿尔法弄不明白。

秃鼻乌鸦把胸脯一挺说："他叫秃鹫，我们叫秃鼻乌鸦，都以秃字打头；他长得好看，我们长得美丽，我们当然是好朋友啦！"

"一群令人讨厌的家伙！"阿尔法向高处飞了飞，取居高临下之势。

阿尔法厉声问："你们是单打独斗呢？还是一齐上？"

带头的乌鸦摇晃着脑袋说："单打独斗我怕斗不过你，大家一齐上怕别人说欺负你。我们将排成一个比一个大的乌鸦方队，向你进攻！看你经受得起几轮冲击！"说完就排起了队。

阿尔法一看，第一队只有领头乌鸦 1 只，第二队是 4 只，第三队是 9 只……

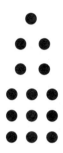

阿尔法高声问道："秃鼻乌鸦，你敢告诉我，你们的总数吗？"

领头乌鸦"呱呱"叫了几声，说："告诉你也无妨，我们不多不少正好 55 只。"

阿尔法赶紧进行心算：

$$1+2^2+3^2+4^2+5^2=1+4+9+16+25=5+25+25=55。$$

"好！我要经受他们五轮的冲击。"阿尔法长啼一声，作好战斗准备。

"呱！"带头乌鸦首先冲了过来，直向阿尔法胸部啄去。阿尔法身子向旁边一闪，说时迟，那时快，用嘴在乌鸦头上用力啄了一下。

"呱！"带头乌鸦一声惨叫，带伤逃走。

"呱、呱、呱、呱！"第二队的 4 只乌鸦向阿尔法冲来。这次阿尔法连闪也不闪一下，迎面冲了上去，他用嘴啄，用爪子抓，用翅膀扇，一时 4 只乌鸦受伤的受伤，掉毛的掉毛，黑色的乌鸦羽毛在空中飘散，4 只乌鸦大败而逃。

此时，阿尔法也不等第三方队来进攻，长啼一声，像箭一样朝第三方队冲去。阿尔法这一招儿可真厉害，吓得第三、第四、第五方队的乌鸦四散逃命。

阿尔法胜利了！

惩治强盗鸟

打败了乌鸦的进攻，小鹰阿尔法继续在蓝天上翱翔。他不知不觉来到了海边。广阔无垠的大海，使阿尔法精神为之一振。

海鸥成群结队在海面上飞翔，捕食鱼儿。一只海鸥捕捉到一条大鱼，他叼着鱼向自己的家飞去。阿尔法知道，他是赶回家喂自己的孩子。

突然，高空中蓝光一闪，一只披着黑色羽毛的大鸟从天而降，他的羽毛闪着蓝紫色的金属光泽，犹如一支黑色利箭直射海鸥。海鸥吓坏了，慌忙躲向一边。但是，这只长嘴黑鸟并不甘心，他飞到高处，又一次从上而下地攻击海鸥。

经过几轮攻击，海鸥实在受不了啦！他放开口里的鱼，鱼从空中掉了下来，这只黑鸟收拢双翅，急速俯冲，张开大嘴，准确地接住掉下来的鱼。

"强盗鸟！"阿尔法看到这一切，十分气愤。他紧摇双翅向强盗鸟飞去。阿尔法也来了个俯冲攻击。黑色大鸟见小鹰来势凶猛，赶紧扔掉口中的鱼向高处飞去。

"强盗鸟哪里走！"阿尔法紧追上去。

黑鸟在空中转了一个圈儿，厉声叫道："谁是强盗鸟？我的大名叫军舰鸟！"

阿尔法摇摇头说："不，你不叫军舰鸟。你掠夺别人的食物，应该是强盗鸟！我问你，你一天要抢夺几次？"

军舰鸟"哼"了一声，说："我说出来，怕你也不会算呐！我抢夺的次数不多，仅是一个个位数。这个数加这个数，这个数减这个数，这个数乘这个数，这个数除这个数，把四个得数加起来正好得 100！你说我一天抢多少次？"

阿尔法刚一听，觉得这个题挺怪。他又仔细一琢磨，其中有两个条件是十分简单的：这个数减这个数肯定得 0，这个数除这个数肯定得 1。

军舰鸟在一旁讥讽说："算不出来了吧？"

阿尔法没去理他，继续想：这个数必然是个大的个位数，用 9 试试：$9 \times 9 = 81$，$9 + 9 = 18$，加起来得 99，对，就是 9！

阿尔法长啼一声跃上高空，叫道："你一天要抢夺 9 次！对不对？"

军舰鸟满不在乎地说："就是 9 次，你又怎么样？"

"我要惩治你这个强盗！"阿尔法勇敢地冲了下去，只几个回合，就把军舰鸟打得落荒而逃。

给你啄个洞

小鹰阿尔法见到一只海鸥妈妈在哭泣。

阿尔法问："海鸥妈妈，你哭什么？"

海鸥妈妈说："这里是一个大渔场，我每天都要从这儿捉鱼回去喂我的小宝宝。可是回家的路上要遇到三只军舰鸟。第一只军舰鸟要把我捕鱼总数的 $\frac{1}{3}$ 交给他，第二只军舰鸟要把余下的 $\frac{1}{4}$ 交给他，第三只军舰鸟要把再余下的 $\frac{1}{5}$ 交给他。"

阿尔法想了想，问："你总共要交给他们多少条鱼？"

海鸥妈妈说："24 条。可是我还要带回去一些鱼喂小宝宝。你能帮我算算，我一共要捕多少条鱼才行？"

阿尔法陪伴着海鸥妈妈边飞边算："只要算出你交给军舰鸟这 24 条鱼，占你总捕鱼数的几分之几，总捕鱼数就好求了。"

"这几分之几怎么求啊?"海鸥妈妈还是发愁。

阿尔法安慰说:"慢慢地算。设你总的捕鱼数为1,则

第一只军舰鸟抢走 $\frac{1}{3}$;

第二只军舰鸟抢走 $(1-\frac{1}{3})\times\frac{1}{4}=\frac{1}{6}$;

第三只军舰鸟抢走 $(1-\frac{1}{3}-\frac{1}{6})\times\frac{1}{5}=\frac{1}{10}$;

3 只军舰鸟总共抢走 $\frac{1}{3}+\frac{1}{6}+\frac{1}{10}=\frac{3}{5}$;

你捕鱼总数为 $24\div\frac{3}{5}=24\times\frac{5}{3}=40$ (条)。"

"啊,40 条呐!真要把我累死!"海鸥妈妈说着又要哭。

"不要哭,对于这些强盗,就应该和他们斗。"阿尔法鼓励海鸥妈妈。

海鸥妈妈说:"我斗不过他们呀!"

阿尔法小声说了几句,海鸥妈妈点了点头,就一头扎进海里,叼起一条大鱼,向家的方向飞去。阿尔法在海鸥妈妈的上空,紧紧跟着她。正往前飞着,一只军舰鸟从天而降,直奔海鸥妈妈冲去。他嘴里还叫道:"我的鱼呢?"

海鸥妈妈闪身躲开,军舰鸟把身子拉起,想再一次进攻。小鹰阿尔法冲了上去,与军舰鸟展开了激烈的搏斗。军舰鸟凶狠异常,又长又尖的嘴直向阿尔法啄去。阿尔法灵活地在空中翻了个身,躲过军舰鸟带钩的尖嘴,用双爪使劲抓他的身子。

军舰鸟大叫一声,身上的羽毛已经被阿尔法抓下了两把。军舰鸟的身子在空中晃了两晃,夺路而逃。

阿尔法紧追不舍,一边追一边叫道:"我警告你们这些军舰鸟,强盗鸟,你们再敢抢劫其他鸟的食物,让我撞见,就在你们每个坏家伙的身上啄一个洞!"

海鸥妈妈叼着鱼顺利地回到了家。

巧遇"虎伯劳"

小鹰阿尔法告别海鸥，向一片大树林飞去。他俯冲下来想找点食物，突然，他见一只野鼠趴在树杈上。奇怪，野鼠怎么上树啦？他刚想去抓这只野鼠，又见一只青蛙趴在树梢上。青蛙也上树啦！

一阵悦耳的鸟鸣吸引了阿尔法，他正低头寻找，一只小鸟向鸟鸣的方向飞去。就在这时，从一棵大树上急速飞起一只个头不大的红尾鸟，一下子捉住小鸟，并随即把小鸟挂上了树杈。

眼前的一切使阿尔法明白了：原来这种灰背、白腹、红尾鸟喜欢把猎物挂在树杈上。阿尔法问："朋友，你叫什么鸟？"红尾鸟看了看小鹰说："你准是一只小鹰，连大名鼎鼎的红尾伯劳都不认识。告诉你吧，由于我长有钩嘴利爪，捕食凶猛，人送外号'虎伯劳'。又由于我能模仿各种鸟叫，吸引猎物上钩，人送外号'百舌鸟'。"

阿尔法又问："你为么把猎物挂在树杈上？"

"我食量极大，怕吃不饱，平时存点儿食物。"伯劳鸟显得既有本领，又会过日子。

阿尔法心里很钦佩，可是又想起了一个问题："你贮存这么多食物，你都记得住吗？"

"记得住。"伯劳鸟说，"我贮存的食物中有一半是蝗虫，$\frac{1}{4}$ 是野鼠，$\frac{1}{8}$ 是小鸟，剩下的是 3 只大青蛙，你知道我存了多少食物吗？"

阿尔法笑着说："你难不倒我。我只要算出 13 只青蛙占你食物的几分之几就可以了。

$$1-(\frac{1}{2}+\frac{1}{4}+\frac{1}{8})=\frac{1}{8}，食物总数=3÷\frac{1}{8}=24（只）。"$$

伯劳鸟发出一种非常好听的叫声，说："不错，总共有 24 只。为了犒劳你，你在 24 只中随便挑一只吃吧！"

奇妙的数王国　李毓佩　数学科普文集

阿尔法说："谢谢！我要靠自己的能力去捕食。"

突然，伯劳鸟大叫："留神头顶上！"

阿尔法向上一看，只见两只秃鹫一左一右向他袭来。

阿尔法不敢怠慢，一个急转身躲过秃鹫的攻击。反过身就向一只秃鹫扑去，可是两只秃鹫一起进攻，阿尔法占不着便宜。只听一声长鸣，伯劳鸟向一只秃鹫飞去，嘴啄爪抓，这只秃鹫立刻被抓下两根羽毛，身上也被狠狠地啄了一下。

阿尔法和伯劳鸟一起还击，两只秃鹫慌忙地带伤逃掉了。

去请褐马鸡

小鹰阿尔法往前飞，一只喜鹊拦住了去路。喜鹊"喳喳"叫着说："坐山雕叫我给你带个话，他约了乌鸦和红脚隼在前面等着你，要和你决一死战！"

阿尔法问："红脚隼是什么鸟？"

"红脚隼又叫蚂蚱鹰，专吃蚂蚱，飞起来速度极快，每小时可达280千米，很不好对付！"喜鹊介绍得很详细。

阿尔法又问："他们总共就3只吗？"

"不，有好多呢！"喜鹊显得很紧张，"坐山雕和乌鸦合起来有16只，乌鸦比红脚隼多7只，红脚隼又比坐山雕多5只。"

"我来算算。"阿尔法说，"乌鸦比红角隼多7只，红角隼又比秃鹫多5只，这样算起来，乌鸦比秃鹫多7＋5＝12（只）。乌鸦和秃鹫总共16只，可以知道乌鸦14只，秃鹫2只，还有7只红脚隼。"

喜鹊飞近阿尔法，小声说："秃鹫不是个好东西，他又找了那么多帮手，你单个去怕不是对手，你也要找几个帮忙的。"

阿尔法谢过喜鹊又去找虎伯劳，伯劳鸟面露难色。他说："我不是不帮忙，由于我体型小，搞突然袭击是很拿手的，可是让我去参加空中大战，恐怕难当重任！"

阿尔法仔细看了看虎伯劳，觉得他是小了点，就准备告辞了。虎伯劳叫住阿尔法："慢走，我给你推荐一种大型鸟，叫褐马鸡，他才是真正善斗的勇士！"

阿尔法问："褐马鸡肯帮忙吗？"

虎伯劳说："只要你能答对他一个问题，他会帮忙的！"

阿尔法谢过虎伯劳，向褐马鸡的栖息地飞去。老远就看见从灌木丛中"呼啦啦"飞起一大群褐马鸡，十分壮观。

阿尔法向为首的褐马鸡通报了姓名，说明了来意，褐马鸡十分认真地听着。

到了近处，阿尔法才看清楚褐马鸡的长相。他身披浓褐色羽毛，头部和颈部是黑色的，脸部是红色的，长长的尾羽拖在身后，最特殊的是耳朵后面长有两簇白色的羽毛，十分好看。

褐马鸡问："你能在 10 秒钟内说出，8 的 3 倍乘上 3 的 8 倍是 8 的多少倍吗？"

阿尔法马上心算：$8 \times 3 \times 3 \times 8 = 8 \times (3 \times 3 \times 8) = 8 \times 72$。他张嘴说道："8 的 72 倍！"

褐马鸡点了点头说："走，帮小鹰的忙去！"

空中大决战

小鹰阿尔法带着一大群褐马鸡，浩浩荡荡直奔战场飞去，褐马鸡的叫声此起彼伏，十分壮观。

突然，眼前出现黑压压的一片。不用问，那是秃鹫带着秃鼻乌鸦、红脚隼来了。

阿尔法问："秃鹫，咱们是单打独斗呢，还是一齐上？"

秃鹫"嘿嘿"发出一阵冷笑，说："我这儿有飞得极快的红脚隼，有勇敢机智的秃鼻乌鸦，还有我鸟中之王坐山雕，如果一哄而上，怎么能显出我们每种鸟的本事呢！"

"照你这么说，是单打独斗啦！你们哪个先上？"小鹰阿尔法摆好迎战的架势。

"嗖"的一声，红脚隼飞了过来，上来就用尖嘴去啄阿尔法。虽说他只是个蚂蚱鹰，阿尔法却不敢怠慢。阿尔法展开双翅，身体向上飞起，躲过红脚隼的进攻。

阿尔法长啼一声，身体像离弦之箭扑向红脚隼。

阿尔法这一招儿，可把红脚隼吓坏了，他一转身飞速离开。

红脚隼见阿尔法并没有追他，便回头说："咱们先不着急搏斗，先来个飞行比赛怎么样？看看谁飞得快！"

阿尔法心想，红脚隼肯定飞得比我快，如果按直线飞行，我必败无疑。怎么办呢？嗯……有啦！

阿尔法说："咱俩飞得都很快，如果按直线飞行，眨眼间就得无踪无影，很难评判谁胜谁败。"

"照你的意思呢？"红脚隼绕着阿尔法飞了一圈儿。

阿尔法说："照我的意思，咱俩绕着这个山头飞，来个追逐赛，看看我能不能追上你。"

红脚隼也不傻，他问："有没有时间限制？如果无休止地追下去，我飞得没劲儿了，你当然要追上我了！"

阿尔法说："当然要有限制。不过，你和我都要先绕山头飞上一圈，看看各用多少时间，我才能告诉你时间的限制。"

"好吧！"红脚隼飞速地绕山头转了一圈，用了 4 分钟。阿尔法也飞了一圈，用了 5 分钟。

"如果我在 20 分钟内抓不到你，我就认输！"

一声令下，阿尔法和红脚隼从同一起飞线出发，绕山头飞了起来。

鸦鸡搏杀

红脚隼在前，小鹰阿尔法在后，围着山头在追逐，疾如闪电。1 分钟、2 分钟、3 分钟……在 20 分钟刚好到达的那一瞬间，红脚隼和阿尔法同时到达了出发点，阿尔法伸出利爪，一下子抓住了红脚隼。

红脚隼不服，他歪着脖子问："明明我飞得比你快，你怎么会在出发点赶上了我？"

阿尔法笑了笑说："这奥妙就在转圈儿！你转一圈用 4 分钟，我转一圈用 5 分钟。4 和 5 的最小公倍数是 $4 \times 5 = 20$，这说明在 20 分钟时，你恰好绕山头飞了五圈，我正好飞了四圈，虽说我比你少飞了一圈，可是我们俩同时到达了出发点，我一定能抓住你！"

红脚隼点点头："虽然说我飞得比你快，可是我数学没有你好，心眼儿没有你多，我承认斗不过你。请你放了我吧！"

阿尔法松开了爪子，红脚隼高叫一声，带着所有的红脚隼向南方飞去。

看到红脚隼离去，秃鹫气得发出一阵阵怪叫。

秃鹫咬牙切齿地说："红脚隼无能，可是秃鼻乌鸦却是智勇双全，看你们谁斗得过乌鸦？"

大群乌鸦听到秃鹫的夸奖，高兴得一面"呱呱"乱叫，一面围着秃鹫乱飞。听了秃鹫的这番话，褐马鸡气不打一处来，他们要求和乌鸦一决雌雄。褐马鸡一字排好，乌鸦站成一排。一声令下，褐马鸡和乌鸦杀成一团，一时间，叫声四起，羽毛乱飞。

秃鼻乌鸦哪里是褐马鸡的对手，只经过几个回合，乌鸦个个带伤，

奇妙的数王国　李毓佩
数学科普文集

地上撒满了黑色的羽毛。

领头的乌鸦大声叫停。

他一面喘着粗气，一面说："这样乱打可不成，打仗要讲究阵势，如果排不出一种阵势，那就算输了！"

褐马鸡数出自己与同伴共 15 只，这 15 只能排成什么队形呢？褐马鸡犯了难。而秃鼻乌鸦有 16 只，16＝4×4，他们很快就排成了四行四列的"乌鸦阵"。

阿尔法立即做了计算：1＋2＋3＋4＋5＝15。

阿尔法对褐马鸡说："快排成三角形阵！"

15 只褐马鸡恰好排成了一个三角形的阵。

三角形的"褐马鸡阵"对正方形的"乌鸦阵"，又一场搏杀即将开始。

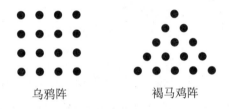

乌鸦阵　　　　　褐马鸡阵

最后一战

"乌鸦阵"首先发动进攻，16 只乌鸦摆成整齐的正方形，"呱呱"乱叫地冲了过来。领头的褐马鸡不敢怠慢，他率领由 15 只褐马鸡组成的三角形阵，犹如利箭一样迎了上去。

两队一交锋，三角形阵立刻将正方形阵冲开一个缺口，接着把"乌鸦阵"切割成两部分。三角形转动 45°角，把一半的"乌鸦阵"又冲开成两部分，只见三角形三转两转就把"乌鸦阵"冲了个七零八落。负伤的乌鸦纷纷逃命去了。

"哈哈……"秃鹫一阵狂笑，"原来这群秃鼻乌鸦也如此不堪一击。看来只好由我坐山雕亲自出马了。毛头小鹰，拿命来！"说着秃鹫恶狠狠地扑向小鹰阿尔法。

秃鹫力大嘴尖，阿尔法不敢正面相迎，赶紧身体腾空躲了过去。秃鹫脖子一伸又追了上来，阿尔法向下一个俯冲又躲了过去。

"哈哈……"秃鹫又是一阵狂笑，"多日不见，原想你长了不少本事，没想到不堪一击！"

阿尔法厉声说道："我让你两招儿，你现在投降还为时不晚，不然的话，我要在你身上啄出许许多多的洞！"

"啄洞？"秃鹫问，"你准备啄多少个洞呢？"

阿尔法说："在你头和背共啄 4 个洞，在头和腹共啄 6 个洞，在背和腹共啄 8 个洞。你算算一共要啄多少洞？"

秃鹫算了半天也没算出来，他大声说："明人不做暗事，你告诉我共啄出多少洞？"

"这个容易算。"阿尔法说，"头＋背＝4，头＋腹＝6，背＋腹＝8。三个式子相加有 2(头＋背＋腹)＝4＋6＋8＝18，所以头＋背＋腹＝9。不多，只有 9 个洞。"

"啊，9 个洞还算少？"秃鹫吓得一缩脖。他自言自语地说："我再算算每一部分啄多少洞吧！头＝9－(背＋腹)＝9－8＝1，嗯，头上只啄 1 个洞，不多！背＝9－(头＋腹)＝9－6＝3，背部要啄 3 个洞，还可以。腹＝9－(头＋背)＝9－4＝5，呀，肚子上要啄 5 个洞，那不成筛子了吗？不成，我和他拼啦！"

秃鹫扇动双翅加速向阿尔法冲去。阿尔法身体腾空，飞到了秃鹫的上面，趁势在秃鹫背上狠狠啄了一下。

"啊，背部被啄了一下，还差两下。"秃鹫刚想防背部，没想到腹部又挨了一下。

李毓佩
数学科普文集

"啊，腹部被啄了一下，还差四下。"秃鹫想防住腹部，结果头部重重地挨了一下，只见秃鹫摇晃着身体急速下坠，"砰"的一声，重重地摔在地上，再也没有爬起来。

小鹰阿尔法在空中展翅翱翔，他已经成长为一只真正的雄鹰！

18. 智斗活神仙

知过去、算未来

　　大街上，一个干巴巴的老头摆了一个卦摊。卦摊前立了一块牌子，上面写着"活神仙"三个大字，左右两边分别写着：知过去、算未来。

　　这位活神仙不断地吆喝："看相喽！算卦啦！"

　　几个放学的小学生凑到卦摊前看热闹，其中一个小学生问旁边的同学："也不知灵不灵？"

　　活神仙拉住这个小学生，说："灵不灵咱们当场试！"

　　小学生问："怎么试？"

　　活神仙反问："我先问你，你的数学成绩怎么样？"

　　小学生把头一扬，神气地说："不错！"

　　神仙又问："你的语文成绩怎么样？"

　　小学生把头又一扬，骄傲地说："很好！"

活神仙冷笑了一声，说："你只要算几个数，我就立刻知道你的数学和语文的成绩。"

小学生撇撇嘴，说："你不用诈唬我！"

活神仙说："你把你的语文成绩用 5 乘，再加上 6，然后乘以 20，再加上你的数学成绩，最后再减去 365，你把最后的得数告诉我。"

小学生认真地算了一下，说："得 5203。"

"哈哈……"活神仙一阵狂笑，说，"你可真是个好学生！你语文考了 54 分，而数学更惨，只考了 48 分，全不及格！"

小学生的脸立刻变得通红，他不好意思地说："我这点底儿，全让你给抖搂出来了！"说完掉头就跑。

活神仙非常得意，冲大家拍着胸脯说："我活神仙就是灵，一算一个准！"

围观的群众也纷纷点头称赞："真厉害！""活神仙！"

这时，另一个小学生挤了过来，对活神仙说："你能把刚才你算分数的方法教给我吗？"

活神仙问："你叫什么名字？"

小学生回答："我小名叫奇奇。"

"别说你叫奇奇，就是怪怪、闹闹来，我也不教！"活神仙说，"没钱就让我给你算一卦，想学算卦的本领，门儿都没有！"

由于活神仙算对了小学生的分数，围观的群众纷纷掏钱算卦。一会儿工夫，活神仙纸盒里的钱就满了。

天快黑了。活神仙收拾卦摊，高兴地说："嘿，今天赚了不少，回家喝它二两。"

奇奇躲在远处一直盯着活神仙，心想：我一定要把你的算法学到手！

奇奇回到了家，还在琢磨这件事儿。可他左想右想，也没想明白活神仙是用什么方法算出那个小学生的成绩的。

奇妙的数王国　李毓佩
数学科普文集

突然，他拍了一下自己的头："哎呀，这事儿问小派不就行了吗？他那么聪明，肯定能想出来！"于是，他马上给小派家打电话，把今天看到的事情详细说了一遍。

小派想了想，说："其实这很简单。"

奇奇乐了："我就知道找你准没错儿！快跟我说说，这到底是怎么回事？"

小派说："其实列个方程就能很快知道了。设语文分数为 x，数学分数为 y，则：

$$(x \times 5 + 6) \times 20 + y - 365$$
$$= x \times 5 \times 20 + 6 \times 20 + y - 365$$
$$= 100x + 120 + y - 365$$
$$= 100x + y - 245$$

你把计算的结果加上 245，剩下的四位数中前两位就是语文的分数，后两位就是数学的分数。"

"哈，我全明白啦！原来活神仙是让小学生按照这个公式算，然后把答数告诉他。只要加上 245，一切都明摆在那里了。"奇奇说，"这个活神仙装神弄鬼的，明天我们好好斗他一斗吧。"奇奇和小派商量了半天，想出了一个好主意。

你砸了我的饭碗

第二天，小派来到活神仙的卦摊前。

活神仙冲小派一笑，问道："你敢不敢让我算算你的语文成绩和数学成绩？"

小派也冲他一笑，说："你的算法我也会。不信，我当场给你算！"

活神仙双眼一瞪："嗬！你小子要抢我的饭碗。咱们当场就试，如果你算对了，我给你 20 元；如果你算错了，你赔我 40 元！你敢不敢？"

"没问题！"小派毫不犹豫地答应了他，然后对围观的群众说，"我和他一言为定，大家做证。"

围观的群众都说："我们做证！"

活神仙在纸上写好了两个数，然后把纸反扣在桌子上。他对小派说："我写好了甲、乙两个数，你给我算算它们各是多少？"

小派说："你把甲数乘以 5，加上 6，再乘以 20，加上乙数，最后减去 365，把算得的结果告诉我。"

活神仙算了一下，说："得 2884。"

小派马上回答："甲数是 31，乙数是 29。"

围观的群众叫喊："把纸翻过来看看！"

活神仙非常不情愿地把纸翻了过来，纸上写的数字果然和小派回答的一致。

"好啊！这小孩算对了！快给人家 20 元钱！"群众一阵欢呼。

活神仙百般不情愿地拿出 20 元递给小派。

一位观众不解地问："你能不能告诉我们这是怎么算的？"

"可以。"小派对大家说，"这里又加又减又乘，都是迷惑人的鬼把戏。他的真实目的是要把甲数变到千位和百位上去，把乙数变到十位和个位上来。就拿刚才这个数来说，最后想得到的是 3129。"

观众问："可是刚才活神仙回答的不是 3129，而是 2884 啊！"

"对！"小派解释说，"如果让他直接说出 3129，别人不就看出来了吗？你只要把他的答数加上 245，立刻就得到了 3129。"

这次观众都听明白了。一个观众说："嗨，原来活神仙玩的都是骗人的把戏！"

另一个观众说："咱们再也不上活神仙的当了！"大家纷纷离去。

活神仙咬牙切齿地叫道："好你个臭小子！你砸了我的饭碗，我和你没完!"

小派摇摇头说:"挺大的人,干点儿什么不好,为什么要骗人? 拜拜。"说完转身要走。这时奇奇从街角走出来,连拍着小派的肩膀说:"小派、小派,把活神仙打败!"

活神仙看见了这一幕,心里暗道:好哇,原来你叫小派。看我活神仙怎么收拾你!

射箭比赛

今天是星期六,小派到大街上买作业本,看到许多人在围着一个台子看热闹,便挤了进去。只见台子的上方挂着一条横幅,上面写着"吹牛大赛"。

一个戴眼镜的年轻人主持比赛。他对大家说:"今天我们比赛吃东西,谁吃得东西最大,谁就获胜! 当然只是说,而不是真吃。"

一个小胖子走上了台。他底气十足地说:"我能吃特大的东西,我可以把地球当包子吃了!"

台下的观众惊呼:"嗬,真够大的!"

话音未落,一个大胖子走了上来。他撇撇嘴,说:"能吃地球算不了什么,我可以把天上的星星收集起来,炒着吃!"

这时,一个小和尚"噌"的一声跳上了台,他冲观众双手合十,先念"阿弥陀佛",然后说:"我吃的东西比以上说的东西都大,是世界上最大的东西!"

台下观众纷纷说:"这下让小和尚说到头了! 这奖非小和尚莫属了。"

"慢着!"小派跳上了台,"小和尚,你别得意! 我把你吃了!"

"哈哈……"台下发出一阵大笑,观众们说,"把小和尚吃了,当然把小和尚肚子里的东西也都吃了,这才是吃了最大的东西!"

小派刚想去领奖，忽然"嗖"的一声，一支利箭从台下飞来，把小派的裤腿射穿了一个洞。小派低头一看，惊呼："这也太危险啦！"

这时，台下有人说话："哈哈……小派跑到这儿说大话来了！"

小派往台下一看，见活神仙带着一个武士打扮的弓箭手站在台下。

弓箭手冲小派叫道："说大话算得了什么？有本事来点真格的！"

一个观众提醒小派："这个武士是个地头蛇，蛮不讲理！"

小派并不怕，他问武士："你说怎么来真格的？"

武士说："明天你也带一副弓箭来，咱们俩来个对射，看谁射得准！"

活神仙在一旁煽风点火："不来就是胆小鬼！"

小派打了个响指，轻松地笑笑，说："明天一准来！"

武士见小派如此镇定，先是一惊，接着冷笑着说："不见不散！"

小派刚才的轻松果然是装出来的，他回家后就开始发愁："我哪里会射箭呐！对，现在就开始练！"他找来弓和箭，对着靶子射，1箭、2箭、3箭……果然一箭也没射中。

"射了半天一箭也没射中，吃了个大鸭蛋！"小派失望地一屁股坐在沙发上。

突然有人敲门，小派开门一看，是好朋友小眼镜。小眼镜见他手中拿着弓，地上散落了许多箭，好奇地问："你这是要干什么？你平时连箭都没摸过呀！"

小派把明天比赛射箭的事告诉了他。

小眼镜乐了："那我真是来对了。我给你做几支遥控箭吧，用我的遥控箭，你想射哪儿就射哪儿，百发百中！"

"这可太好啦！"小派顿时对明天的比赛充满了信心。

第二天，双方在擂台下集合。一方是小派和小眼镜，另一方是武士和活神仙。

武士说："咱们来比试谁射得准。我带来3个木墩和2块木板。"他

奇妙的数王国　李毓佩
数学科普文集

让小派两只脚各踩一个木墩，头上顶着一个木墩，两只手各拿一块木板。

武士说："你站好了，我射你5支箭！"说完拉弓搭箭，一连就是5箭。大家定睛一看，3个木墩、2块木板各中一箭。

"好！"观众纷纷叫好。武士得意扬扬地向大家抱拳。

小派对武士说："该我射箭了！"他给武士头上顶了一个大西瓜，脖子上挂了两个大个儿的西红柿，耳朵上坠了几个大红枣，腰上围了一圈儿软包装饮料。

武士不明白小派要干什么，他问："你怎么把这么多好吃的给我装上啦？"

小派笑着说："我要在你的身上摆个水果摊，让你有吃又有喝。"说完拉弓搭箭就要射。

武士摆摆手："慢着！我刚才射了你5箭，现在你要射我几箭？"

"没准儿！"小派说，"这需要好好算算。我把我带来的箭分成几份：用其中的 $\frac{1}{3}$ 射你头上的西瓜，用 $\frac{1}{5}$ 射你胸前的西红柿，用 $\frac{1}{6}$ 射你耳朵上的红枣，用 $\frac{1}{4}$ 射你腰上的软包装饮料，最后还剩下3支箭就不射你了。你自己算去吧！"

武士皱着眉头说："说实话，我连从1到100都数不全，更别说做数学题了。"

"别害怕，还有我呢！"活神仙站了出来，说，"只要算出小派没射的3支箭占箭的总数的几分之几，问题就解决了。"

武士催促说："活神仙，你快算吧！"

活神仙清了清嗓子，说："设总数为1，3支箭所占的份数就是：$1-\frac{1}{3}-\frac{1}{4}-\frac{1}{5}-\frac{1}{6}=\frac{1}{20}$。既然3支箭占 $\frac{1}{20}$，说明他一共带来 $3\div\frac{1}{20}=60$（支）箭。其中 $60\times\frac{1}{3}=20$（支）箭射西瓜，$60\times\frac{1}{5}=12$（支）箭射西红柿，$60\times\frac{1}{6}=10$（支）箭射红枣，$60\times\frac{1}{4}=15$（支）箭射软包装

饮料。算完了!"

武士瞪大了眼睛,说:"啊,我只射了他 5 箭,他却要射我 57 箭!只要有一箭射不准,我的小命就算玩儿完了!"

小派对武士说:"你站好了,千万别动,箭可没长眼睛!"说完拉弓搭箭就准备射。

武士双腿直哆嗦:"我的小祖宗,你可看好了再射呀。"

"看箭!我这 20 支箭全部射中西瓜,让你喝足西瓜汁!"说完小派一抬手,一连射出 20 支箭,箭箭插在西瓜上。

西瓜汁顺着武士的脑袋一直流到脖子,武士喊道:"哎呀,我成关公了!"

小派笑嘻嘻地说:"我给你表演绝活儿,我背着你也可以全部射中!"说着转过身,朝着相反的方向"嗖嗖嗖……"一连射出 12 箭。

观众喊道:"你这是往哪儿射呀?"

这时,小眼镜拿着遥控器拨动旋钮,小声说:"给我掉头!"只见小派射出的箭齐刷刷地掉过头来,全部射中挂在武士胸前的西红柿。

武士哇哇大叫道:"呀!西红柿全破了,弄得我全身挂彩!"

小派把弓朝天上一举,说:"我再来个绝的,箭上天喽!""嗖嗖嗖……",10 支箭朝天上飞去。小眼镜赶紧拨动旋钮,箭忽然一拐弯儿,一齐朝挂在武士耳朵上的红枣飞去。"啪啪啪……",红枣全部落地。

武士哆哆嗦嗦地说:"也不知道我的耳朵还在不在!"

小派又把弓对着地面:"我把这 15 支箭往地上射!"

箭在小眼镜的控制下,转了一个弯儿,朝武士的腰部射去,把软包装饮料全部射破了。

小派拿出最后 3 支箭,假装思考着说:"这最后 3 支箭送给谁呢?送给活神仙吧!"说完 3 支箭一齐朝活神仙飞去。

"我不要!我不要!"活神仙捂着脑袋,撒腿就跑。可是他往哪儿跑,箭就跟着他往哪儿飞。

活神仙边跑边叫："这哪是箭哪？这分明是导弹哪！"只听"噗噗噗"三声，一箭射穿了活神仙的上衣，一箭射穿了他的裤子，第三支箭把他的鞋钉在了地上，使得活神仙动弹不得。

活神仙大叫一声："啊，跑不了啦！"

如此导游

被小派、奇奇这么一搅弄，活神仙算不成卦了，他灵机一动，又想出一个发财的好办法。这天一大早，活神仙身穿西服，戴上墨镜，手拿小旗，出现在旅游大客车上。

一位外国游客刚一上车，活神仙满脸堆笑地迎了上去。活神仙冲游客一点头，说："您初次到中国旅游，肯定需要一名导游。我上知天文，下知地理，让我给您当导游，没错！"

外国游客一伸大拇指，说了句："OK！"

下车以后，活神仙带着外国游客走进一座大庙。一个小和尚迎了上来，小和尚拿着一张纸，说："施主若能把这个问题解出来，必定多福多寿！"

外国游客接过纸，问活神仙："什么问题？"

活神仙读道："有一束莲花，把这束莲花的 $\frac{1}{3}$、$\frac{1}{5}$、$\frac{1}{6}$ 分别献给三位女神，还有 $\frac{1}{4}$ 奉献给另一位女神，剩下的 6 枝献给声望最高的人。请问这束莲花有多少枝？"

外国游客拍了拍活神仙的肩膀，说："你们中国人数学好，你来算。"

"我算是可以的，但是你要付钱！"活神仙说着就伸出右手。

外国游客吃惊地问："怎么？算题也要钱？"

这时，一个小学生走了过来，说："我来算，我不要钱。"

活神仙定睛一看，来的是小派。真是气不打一处来，他恶狠狠地对小派说："狗拿耗子，多管闲事！"

小派并不理他，开始算题："只要算出 6 枝莲花所占的份数，就可以求出莲花的总枝数来。设莲花的总枝数为 l，$1-\frac{1}{3}-\frac{1}{4}-\frac{1}{5}-\frac{1}{6}=\frac{1}{20}$，说明 6 枝莲花占总枝数的 $\frac{1}{20}$，莲花的总枝数是 120 枝。"

和尚点点头，说："阿弥陀佛，小施主算得对，祝你福寿双全！"说完送给小派一枚铜钱，铜钱一面写着"福"，一面写着"寿"。

活神仙拉着小和尚，小声嘀咕了几句。小和尚双手合十，口念："阿弥陀佛，不可，不可！"

活神仙对外国游客说："小和尚刚才告诉我，说神仙发话，你如果能捐出 200 美元，神仙保你回国后一定发大财！"

外国游客指着自己的鼻子问："神仙认识我？"

活神仙十分肯定地说："当然认识！神仙认识所有人！"

外国游客挥挥手，说："你不要再骗我了！你是假导游！你不学无术，我不需要你了！"

活神仙捂着脸，带着哭声说："完啦，鸡飞蛋打！小派，我和你没完！"

摸球中奖

活神仙当导游不成，又在街上摆了一个摊，在一个口袋里装了好多球。

活神仙一边抖搂着口袋，一边叫喊："摸球啦！摸球中大奖！"不一会儿，一大圈儿人围了过来。

有人问："怎么个摸法？"

活神仙说："1 元钱摸一次，每次摸 3 个球。我口袋里有红、白、黑 3 种球。如果你摸的 3 个球中 1 个红球都没有，你什么奖也得不到。"

观众问："如果摸到 1 个红球呢?"

活神仙举起一块糖，说："你将得到一块非常甜、非常甜的糖。"

观众又问："如果摸到 2 个红球呢?"

活神仙举起一支圆珠笔，说："你将得到一支非常好用、非常好用的圆珠笔。"

观众问："如果摸到的 3 个都是红球呢?"

"嗬!"活神仙眼睛闪着亮光，说，"那你可要发大财啦! 你将得到 1000 元奖金!"

围观的人中就有掏钱的了。一个小学生拿出 2 元钱说："我摸 6 个。"一个小伙子拿出 5 元钱说："我摸 15 个。"结果小学生一个红球也没摸着，小伙子只摸到一个红球，得了一块糖。

小伙子举着一块糖，说："嘿，5 元钱买来一块糖! 我就不信邪，我这次买它 20 元钱的，看它中不中大奖!"

活神仙接过钱，笑眯眯地说："好，好，摸的次数越多，中大奖的机会也就越大!"

这个小伙子最后得到了 3 支圆珠笔。

这时，挤进来一个老妈妈，她说："我最近手气特别好，我买 100 元的，我把他的大奖全包下来!"

"慢着!"小派出现了，拦住老妈妈说，"大家不要上活神仙的当!"

活神仙指着小派的鼻子："怎么又是你? 大家上我什么当啦? 你不要诬蔑好人!"

小派问："你口袋里有多少个球?"

活神仙答："23 个。"

小派又问："都是什么颜色的?"

活神仙摇晃着脑袋说："这颜色嘛，我早就给大家交代过了，有红、白、黑三种颜色。"

"你口袋里的红球有多少个？"小派步步逼近。

"这可是个秘密！"活神仙眼珠一转，"不过，我可以给你透露一点儿信息。口袋里的红球和白球合在一起有 16 个，白球比黑球多 7 个，黑球比红球多 5 个。小子有能耐自己算去！"

一个观众说："这可真够乱的！一会儿白球比黑球多，一会儿又黑球比红球多。"

小派说："不怕它乱！因为白球比黑球多 7 个，黑球又比红球多 5 个，所以，白球比红球多 7＋5＝12（个）。又因为白球和红球有 16 个，可以知道白球有 14 个，红球只有 2 个。"

这时大家才明白过来。小伙子揪住活神仙问："好啊！你口袋里只有 2 个红球，却说抓出 3 个红球才给大奖，你让我们到哪里抓去？"

大家异口同声地说："活神仙，你说！"

活神仙装出一副可怜相，说："你们别听小派瞎说！"

观众说："把他口袋里的球倒出来看看！"小伙子抢过活神仙的口袋，把球倒了出来，一数，红球果然只有 2 个。

大家愤怒了。老妈妈说："活神仙是个大骗子！"小伙子厉声说道："把骗我们的钱退还给我们！"

"我退，我退。"这时活神仙如同丧家之犬。

观众把活神仙的摊子掀翻，活神仙哭丧着脸坐在地上。他咬着牙，狠狠地说："我干什么事，小派都给我捣乱，我跟他没完！我去找人收拾他！"

夜晚遇鬼

活神仙决定报仇，他找到当地的一个无赖，让他收拾一下小派。

无赖摇晃着脑袋说："没问题！只要你多给钱，我保证好好收拾那

奇妙的数王国　李毓佩
数学科普文集

小子!"

小派放学后，背着书包正往家走，一个无赖忽然蹦出来，挡住了他的去路。

无赖说："站住！听说你小子爱管闲事，今天我有件事，让你来管管。"

小派一看这阵势，知道走不了啦，便问："你有什么闲事要我管呐？"

无赖说："昨天我让一辆汽车给撞了，它撞了我就跑了。"

小派又问："记住车牌号了吗？"

"没有。我要记住了车牌号，还找你干什么？"

"没记住车牌号，我也没办法。"

无赖忽然想起了什么，来了个倒立姿势，说："当时汽车把我撞成了这个姿势，是头朝下脚朝上。我当时倒着看，看清了车牌号，还把车牌号念出来了。"

小派问："倒着看的车牌号是多少？"

活神仙不知从什么地方钻了出来，插话说："当时我正好在旁边，车牌号我也看清楚了，他念的车牌号我也听清楚了。我只能告诉你，车牌号是五位数，数字不重复，他念的五位数比车牌号的五位数大78633。"

无赖晃动着拳头，吼道："听清楚没有？如果你不给我算出车牌号是多少，就让你尝尝我铁拳的厉害！"

"你可真不讲理！"小派怒目而视，"不过你们给我出的难题，我会先做出来。"

小派拾起一个小石子，边说边写："阿拉伯数字中，倒着看也是数的只有0、1、6、8、9。假如车牌号是ABCDE，则可以列出算式：

$$
\begin{array}{r}
ABCDE \\
+\ 78633 \\
\hline
PQRST
\end{array}
$$

其中 A、B、C、D、E、P、Q、R、S、T 只能从 0、1、6、8、9 中取数，而且 A、B、C、D、E 各不相同。由此可以推出：

$$
\begin{array}{r}
10968 \\
+\ 78633 \\
\hline
89601
\end{array}
$$

原来车牌号是 10968。"无赖问活神仙："我还打不打了？"活神仙无奈地说："人家都算出来了，你还打什么！"

又一天晚上，小派去找同学，其中有一段路的路灯坏了，四周特别黑。小派正往前走，就听到暗处有"啾啾"的声音。

小派自言自语："唉，这是什么声音？怪怪的！"突然，一个"吊死鬼"跳出来，对小派说："我要你的命！快拿命来！"

"要我的命没那么容易！看腿！"说着小派给了"吊死鬼"一腿。小派在少年宫练过武术，腿上的功夫尤其好。他这一腿就把"吊死鬼"踢了一个大跟斗。

"吊死鬼"倒在地上叫道："哎哟，疼死我啦！"

小派一手抓掉"吊死鬼"的面具，原来是活神仙。活神仙求饶："我下次不敢了！"

出售聪明丸

活神仙又想出了新的鬼点子。一大早，活神仙拿着很多瓶药在沿街叫卖："买了，买了，聪明丸。吃了我的聪明丸，多难的功课一学就会，多难的题目一解就对。考试门门 100 分啦！"

许多过路的人围了过来，一个人问："你这聪明丸真有那么灵？"

活神仙一拍胸脯，说："如果不灵，我退您双倍的钱！"

一位家长掏钱买了两瓶，他说："我给我孩子买两瓶，我孩子的学习成绩一直不好。"

一个小胖孩也买了两瓶，他说："吃了以后都考满分，那该多好！"

小派背着书包走了过来，问："活神仙，这么好的药，你自己吃过吗？"

活神仙把脖子一梗，说："当然吃过！我天天吃聪明丸。过去我特别笨，自从吃了聪明丸，我比猴儿还精！"

小派说："既然你比猴儿还精，那我问你一个问题，怎么样？"

活神仙冷笑了一声，说："别说是一个问题，就是十个问题也能给你答上来！"

这时，远处一个拄拐杖的人正走进牙科医院。小派指着那个人问："你看，这个人腿有毛病，可是他总去牙科医院，这是为什么？"

"这个问题还不简单？"活神仙说，"上牙科医院肯定是去拔牙呀！不拔牙谁去牙科医院哪？"

小派问："他一周有5天去牙科医院，难道他一周要拔5颗牙？"

活神仙说："那有什么奇怪的！有的人一次就拔了5颗牙！"

一位老人插话说："我见这个人去牙科医院，至少有4年了。"

一个小伙子笑着说："每周拔5颗牙，4年至少要拔一千多颗牙！哈哈……"

围观的人也都笑了。

活神仙面子上有点儿挂不住，他拉上小派说："你若不信，咱俩去问问他。"

"好！"小派和活神仙一起走到拄拐杖的人身边。

活神仙问："你总到牙科医院，是不是来拔牙啊？"

拄拐杖的人没好气地说："我给别人拔牙！我是这里的牙科医生。你要不要拔牙？"

活神仙连连摇头说："我的牙没毛病，不拔！"

围观的人问："你既然天天吃聪明丸，怎么这么简单的问题都答不上来?"

"嗯……"活神仙眼珠一转,说,"今天早上我忘记吃了。不过,我可以保证,吃了聪明丸,数学一定特别好,多难的题,一看就会!"

这时,一个学生出了一道题:"我们班前天考数学。老师说,参加考试的二十多名同学中有 $\frac{1}{3}$ 错了一道题,有 $\frac{1}{4}$ 错了两道题, $\frac{1}{6}$ 错了三道题, $\frac{1}{8}$ 四道题全错了。你说我们班全答对的有多少人?"

活神仙摇晃着脑袋说:"这个问题太容易了!由于你们班没人吃过我的聪明丸,所以个个都是笨蛋!没有一个全答对的。"

"你胡说!"学生说,"我们班肯定有人全答对了,你算不出来!"

围观的老人摇摇头说:"看来活神仙的聪明丸是白吃喽!"

围观的群众催促:"活神仙,你快点儿算!"

"1个?不,2个?不,3个?"活神仙急得脸上都出汗了。

活神仙没有办法了,冲大家喊道:"谁能把这个问题算出来,我送他一箱聪明丸!"

"我来算!"小派说,"设全班总人数为1,则:

$$1-\frac{1}{3}-\frac{1}{4}-\frac{1}{6}-\frac{1}{8}=1-\frac{23}{24}=\frac{1}{24}$$

"因为全班有二十多个人,所以全班共24人,全答对的有3人。"

学生说:"小派答对了!"

"你既然答对了,我也说话算数。这一箱聪明丸送给你啦!"活神仙把一箱聪明丸递给小派。

"谁要你的聪明丸?"小派用手一推,药丸撒了一地。群众拾起地上的药丸,扔向活神仙,边扔边说:"谁要你的骗人药丸!自己拿回家当饭吃去吧!"

这时一名警察过来了,他对活神仙说:"你卖假药坑骗群众,跟我到警察局去一趟!"

活神仙拿着罚款单从警察局出来，气哼哼地说："钱没骗成，反而让警察罚了款！不成，我要找小派算账去！"

活神仙偷偷溜进了学校，从窗户看到小派正一个人在教室里读书。活神仙小声说："我让你吃点苦头！"他在教室的门上放上一块木板，木板上放上一盆白灰。

活神仙暗暗高兴："只要一推门，白灰就正好扣在小派的头上！嘻嘻！"其实活神仙干的一切，小派早看在眼里了。

突然，小派冲外面喊："活神仙，我的同学要买20颗聪明丸，你有没有哇？"

活神仙一听有人要买聪明丸，高兴极了，忙说："有，有，我这就给你送进去！"说完推门就往里走。只听哗啦一声，一盆白灰全扣在活神仙的头上。

活神仙大叫："我的妈呀！全扣在我的头上啦！"

这时，老师走了过来，指着活神仙说："你卖假药骗人，今天又到学校来捣乱，跟我去警察局！"

"不，不。"活神仙连连摆手，"我刚从那儿出来，我可不去了！"趁老师不注意，他撒腿就跑。

奇偶数的把戏

活神仙又在街上玩起骗钱的把戏。他拿着一只碗，碗里装着许多黄豆。他不断吆喝："玩啦！玩啦！1元钱玩一次，中奖送手表！"

一个过路的人问："怎么个玩法？"

活神仙说："你双手从碗里各抓一把黄豆，数清楚手中的黄豆数。我让你做一次简单的乘法和加法运算，我就可以知道你两只手中的黄豆数是奇数还是偶数。我说对了，你的1元钱归我了；我要是说错了，我送你一只手表！"

"有那么神？"两个小伙子不信。高个儿小伙子掏出 1 元钱说："我来试试！"他双手各抓了一些黄豆，数了数，小声对同伴说："我左手抓了 7 粒，右手抓了 8 粒。"

活神仙双眼紧闭，装模作样地说："你把左手的黄豆数乘以 2，再加上右手的黄豆数，告诉我得数是奇数呢，还是偶数？"

小伙子小声计算："7 乘以 2 得 14，再加上 8，等于 22。"然后大声告诉活神仙："得数是偶数。"

活神仙又说："你再把右手的黄豆数乘以 2，加上左手的黄豆数，得数是奇数，还是偶数？"

高个儿小伙子又算了一遍："8 乘以 2 得 16，再加上 7，等于 23。得奇数！"

活神仙忽然把眼睛一睁，说："我可以肯定，你左手中的黄豆数是奇数，而右手中的黄豆数是偶数。你可以张开手让大家看看！"

高个儿小伙子把手张开，大家一数，都吃惊地说："哎呀，左手里的是奇数，右手里的是偶数！神啦！"

一连几个人来试，个个准确无误。正当大家惊奇的时候，活神仙拍拍手说："刚才只是一个小玩意儿，我有更好的玩意儿，请各位赏光！"说着他拿出了一个大转盘。

活神仙说："各位请看，转盘分成 12 个格，每个格可以得到什么奖品，上面写得清清楚楚。"大家仔细看，看到：

一位老妈妈说："可以得洗衣机、大彩电呐！"

一位老爷爷说："我家正缺一台 VCD 机。"

活神仙大声叫道："便宜啦！您只要花 5 元钱，就可以得大奖！"有些观众掏钱就要玩。

活神仙说："我现在郑重宣布玩法，您拨动指针，当指针停留在某一格时，比如停在 4 号格，但是 4 号格子里的物品并不是您的奖品，您必须从这个格往下数同样的格数，才能得到您的奖品，也就是 8 号格子里的东西才是您的奖品。"

一个戴墨镜的年轻人不耐烦了，走上前说："你就少啰唆吧！给你 5 元钱，看我怎样搬走你的大彩电！走！"他用力拨动指针。

围观的人把脑袋扎在一起，聚精会神地看，大家一齐说："停，停……好，停了！停在 6 号格子。"

"从 6 号格子再往下数 6 个格子，是 12 号格子。"活神仙从 12 号格子里拿起半卷卫生纸，递给这位青年人，"这是您的奖品！"

"花 5 元钱买半卷卫生纸！哈哈……"围观的群众大笑。

一个穿花衬衫的年轻人挤进来，说："我就不信这个邪！噗，我先在手上吹一口仙气！"接着就转动指针。指针一边转，他一边念叨："转起来，转起来，电脑彩电一齐来！"指针最后停在 3 号格子。

"好啊！"这个年轻人一下子跳了起来，"3 号格子是录像机，我得了一台录像机！"

活神仙嘿嘿一乐，说："您先别着急。您忘了我讲的规矩，您必须从 3 号格子再往下数 3 个格子才行。"

这个年轻人往下数："4、5、6，啊，6 号是一块橡皮，我才得一块橡皮？"

"录像机被换成了橡皮！哈哈……"围观的人又一阵大笑。

这时，小派挤了进来，对大家说："大家不要上活神仙的当！他是在耍把戏，在骗人！"

"你胡说！"活神仙一把揪住小派，"你总破坏我的生意，今天你不说清楚，我和你没完！"

"好！"小派说，"先说你玩的抓黄豆。你是按照以下的规律来做的：奇数×2＋偶数＝偶数，奇数×2＋奇数＝奇数，偶数×2＋偶数＝偶数，偶数×2＋奇数＝奇数。"

活神仙瞪大眼睛说："你说的我不明白!"

小派解释："关键是后面加上的那只手的黄豆粒数。如果后面加上的那只手里拿的是奇数粒黄豆，结果必然是奇数;如果是偶数粒黄豆，结果是偶数。百猜百中!"

观众问："转盘是否也有假?"

小派说："当然有假! 转盘是按照奇数＋奇数＝偶数、偶数＋偶数＝偶数的规律来做的。不管你转到哪个格子，相加之后必然都是偶数。转盘上，只有奇数的格子里有贵重奖品，而奇数格子里的东西你永远得不到，你只能得到偶数格子里的东西，可是偶数格子里全是一些不值钱的小玩意儿!"

"好啊! 你拿数学来骗我们! 退钱!"上当的群众愤怒了。

活神仙吓得连忙说："我退，我退!"

勇闯"鬼怪宫"

经过上次的智斗，活神仙消失了一段时间。小派和奇奇都很高兴。

这天放学了，小派和同学们一起往家走。

小眼镜问小派："你听说了没有? 街上最近开了一座鬼怪宫，里面可吓人啦!"

奇奇说："我听人家说，鬼怪宫里设了许多关口，过哪一关都不容易!"

小眼镜提议："咱们去鬼怪宫玩吧。"

小派点点头说："好!"

鬼怪宫在一座大厅里，门口的售票员大声叫喊："快逛鬼怪宫啊! 神奇! 惊险! 刺激! 一张票才 10 元钱，便宜啦!"

小派和两个同学每人交上 10 元，就往里走。售票员拦住他们："每次只能进两个人，人一多就不好玩了。"结果小派和小眼镜先进去了。

鬼怪宫里很黑，两人手拉手往前走。小派说："这里面真黑！"

小眼镜往小派身边靠了靠："挺可怕的！"

突然，一个妖怪跳了出来。妖怪大叫一声："哪里走！"并抖开锁链把小眼镜锁住了。

"我的妈呀！"小眼镜吓得大叫一声，赶紧拉住小派，"小派快救我！"

小派说："怎样救呢？"

这时，妖怪说话了。他说："锁链上有一把密码锁，或者你自己打开，或者给我 10 元钱，我给你打开。"

小派问："密码在哪儿？"

妖怪说："在我的背上。"说完转过身，后背上有字：

用 1，2，3 三个数字，按任意顺序排列，可以得到不同的一位数、两位数、三位数。把其中的质数挑出来，按从小到大的顺序排好，第三个质数就是密码。

小眼镜催促说："咱们快算！一位数中，1 不是质数，2 是质数，3 也是质数。两位数中有几个质数？"

小派边思考边说："先说三位数吧！由 1，2，3 组成的三位数一定能被 3 整除，因此，这些三位数都不是质数。"

小眼镜问："这么说，密码肯定是两位数了？"

小派说："对。在两位数中，只有个位是 1 和 3 的才有可能是质数。这样的数只有三个，13，23，31。如果从 2 开始排，13 是第三个质数。密码是 13。"

小派立刻拨密码锁，只听"咯噔"一响，锁打开了。妖怪也掉头离去。

一个管理员跑进经理室："报告经理，有人打开了密码锁，把人从妖怪手里救走了!"

这个经理不是别人,正是活神仙。活神仙听后大惊失色,说:"啊,10元钱没挣着? 你去给我看看,是什么人有这么大的本事? 快!"

过了一会儿,管理员跑了回来:"报告经理,那个打开密码锁的小孩叫小派。"

"怎么又是他?"活神仙站起来,围着桌子足足转了三个圈儿,他咬牙切齿地说,"这次我一定得好好治治他!"

小派和小眼镜继续往前走,没走多远,发现前面有一个牌子。牌子上写着:

往前走□○步有一个陷阱,请注意!

其中△□=△

△△=16

○☆=15

☆☆☆=27

小眼镜说:"咱们必须把步数算出来,不然非掉进陷阱不可!"

小派想了想,说:"要想算出步数,首先要把□和○代表多少算出来。"

小眼镜问:"你说□○代表的是两位数呢,还是□乘○?"

小派说:"由于☆☆☆=27,不可能左边是三位数而右边是两位数,所以肯定是相乘的关系。"

"我来算。"小眼镜说,"由于△△=16,可以知道△=4;由☆☆☆=27,得☆=3。"

"对!"小派接着算,"再由△□=28,可以知道4×□=28,□=7;由○☆=15,知道○=5。结果是:□○=35。"

小派和小眼镜手拉手,摸黑往前走。小眼镜一边走,一边数:"1步、2步、3步……"数到第35步时,小眼镜大喊:"停!"两人低头一看,地上果然有一个大坑。

狮口历险

小派和小眼镜过了大坑，继续往前走，忽然发现前面有一个巨大的狮子头。狮子的嘴是闭着的。

小派说："咱们俩能不能绕过去？"

小眼镜朝左右看了半天，摇摇头说："过不去。你看，这里写着呢，必须从狮子口中钻过去。"

"想钻过去，首先要让狮子张开嘴呀！"小派凑上前仔细看，在狮子的下巴上发现了字，"小眼镜，你看！"

要让狮子张嘴，请把质数填进来。

小眼镜说："我来填！"说完拿起笔很快就填好了：

$$20=7+13$$
$$=2+5+13$$
$$=2+2+3+13$$
$$=1+2+3+3+11。$$

小眼镜刚刚填完，狮子就张开了大口。小眼镜高兴地说："我填对了！狮子把嘴张开了，快进！"说完就钻了进去。谁知他刚钻进去一半，狮子忽然把嘴闭上了。

小眼镜高声叫道："救命！我被狮子咬住了！"

一直在监视窗观察的管理员，立刻跑去报告活神仙："报告经理，一个小孩被狮子咬住了！"

"也不知是不是小派？"活神仙眉飞色舞地说，"我去看看！"

这时小派看着狮子发愣，他心想：是什么地方出问题了呢？

大闹"鬼怪宫"

小派仔细检查小眼镜填的表，发现他填错了。

小派说："1 不是质数，1 填进去就错了！"说完马上改了过来：

$$20 = 7 + 13$$
$$= 2 + 5 + 13$$
$$= 2 + 2 + 3 + 13$$
$$= 2 + 2 + 2 + 3 + 11。$$

改对之后，狮子马上张开了嘴。

小眼镜回头冲小派招招手，说："快进来！"小派也爬进了狮子口。两人来到了一间屋子里，这间屋子很怪，他们把四周都找遍了，也没有发现门。

小眼镜说："没有门怎么出去呀？"正说着，两个活无常忽然从上面跳下来，它们戴着高帽子，吐着长舌头，样子十分吓人。

小眼镜拉住小派的手说："鬼！鬼！快跑！"

"哪里有鬼？这些都是假的，用来吓唬人的！"小派说完，直接问活无常，"这间屋子有门吗？"

一个活无常说："门在东边。"

另一个活无常却说："门在西边。"

小派问："你们俩谁说真话，谁说假话？"

一个活无常说："我们两个中有一个只说真话不说假话，另一个只说假话不说真话。"

小派又问："你们两个究竟谁说真话呢？"

两个活无常同时伸出右手："每人给 10 元钱，我们就告诉你。"

"鬼也要钱？"小眼镜摇摇头说，"真是有钱能使鬼推磨！"

小派指着一个活无常问："如果问你的同伴，门在哪里，它将怎样

奇妙的数王国　李毓佩
数学科普文集

回答?"

这个活无常回答:"我的同伴将说,门在西边。"

小派拉起小眼镜的手说:"走,咱俩往东走!"

"往东走?"小眼镜并不清楚其中的道理,只是跟着小派走。走到东边,他们没有发现门。

小眼镜问:"会不会搞错了?"

"不会错!"说着小派用力推东边的墙,只听"吱"的一响,果然有一扇门,两人快步走了出去。

小眼镜问:"你怎么肯定门在东边呢?"

小派反问道:"我问你,一句真话和一句假话合在一起,应该是真话呢,还是假话?"

小眼镜答:"应该是假话。"

"对。这就像一个正数和一个负数相乘一样,其乘积一定是负数。"小派说,"一个活无常传达它同伴的话,这里面有一句真话和一句假话,其结果肯定是假话。它说往西走是假话,那么往东走一定是真话。"

小眼镜说:"这个鬼怪宫,除了搞封建迷信,就是吓唬人,咱们不能让它继续毒害青少年!"

"对!"小派十分赞同,"看来鬼怪宫里的鬼怪和动物都是由电脑控制的。我们要尽快找到电脑控制室,改变电脑的控制程序,就可以使鬼怪宫大乱!"

"好主意!"小眼镜说,"咱们俩赶快去找!"

两人找到一间屋子,门口写着"闲人免进"。从门缝可以看到,活神仙正在操纵电脑。他一边按着键盘,一边念叨:"大鬼小鬼都出动,全跟小派去玩命!哈哈,这回我叫你小派吃足苦头!"

小派在门外,假装工作人员:"经理,快给我换点零钱!"

"又挣钱了!我这就来!"活神仙飞快地跑了出去,小派和小眼镜趁机溜了进来。

小派操纵电脑："我把电脑程序给它改了！"

小眼镜双手握拳，说："对！让那些怪物折腾活神仙去！"

"鬼怪宫"的毁灭

活神仙到处找换钱的工作人员，一只大狗熊忽然从背后抓住了他。

活神仙问："你不在前面给我挣钱，跑到这里来干什么？"

狗熊说："你必须回答我一个问题，如果答不上来，要给我 10 元钱！"

"嘻嘻。"活神仙笑着说，"我设计的是让你向顾客要钱，你今天怎么向我要了？反正这些问题都是我出的，你随便问吧！"

狗熊说："我有 4 只小熊崽，恰好一个比一个大 1 岁，它们的年龄相乘等于 324，请你回答，这 4 只熊崽的年龄各是多少？"

"我的熊爷爷，你记错了！"活神仙说，"相乘应该等于 3024，而不是 324！因为 $3024 = 2 \times 2 \times 2 \times 2 \times 3 \times 3 \times 3 \times 7 = (2 \times 3) \times 7 \times (2 \times 2 \times 2) \times (3 \times 3) = 6 \times 7 \times 8 \times 9$。"

活神仙接着解释说："当乘积是 3024 时，4 只小熊崽的年龄分别是 6 岁、7 岁、8 岁和 9 岁。"

狗熊说："不对！给我的指令就是 324。"

活神仙大惊："啊，是谁把电脑中的程序给改了？如果改成 324，我是绝对做不出来的！"

狗熊说："做不出来就给钱！"

活神仙乖乖地掏出 10 元钱交给狗熊："我知道，我不给你钱，你是不会松手的，这是我设计的。"

活神仙撒腿就往控制室跑："我去看看，电脑是不是发疯了？"

活神仙跑到控制室，没想到两个活无常把着门不让他进。一个活无常喊道："站住！想进屋，必须给我们每人 1000 元钱。"

活神仙瞪大眼睛说："什么？你们从 10 元涨到了 1000 元！简直是胡闹！一次要人家那么多钱，谁给得起呀？"

另一个活无常说："不给钱，我们就拆鬼怪宫！"

"什么？你们敢拆鬼怪宫！反了你们啦！"活神仙指着一个活无常问，"你是说真话的活无常，还是说假话的活无常？"

这个活无常回答："我只说真话。"

活神仙一指另一个活无常，问："你呢？"

另一个活无常回答："我只说真话。"

"我的天呐！"活神仙双手抱着脑袋，"怎么两个活无常都说真话啦？"

活无常问："你到底给不给钱？"

活神仙说："我现在到哪里去找 2000 元钱哪？"

"不给？拆鬼怪宫！"两个活无常动手拆设备，哗啦哗啦，拆得挺快。

活神仙连忙阻拦："别拆！这是我的命根子！"

"大家都来拆呀！"在活无常的号召下，鬼怪宫里的各种鬼怪和动物都参加进来。

小派和小眼镜趁混乱之际，离开了鬼怪宫。两人刚刚离开，只听呼啦一声，鬼怪宫倒塌了。

小眼镜高兴地跳起来喊道："害人的鬼怪宫，彻底垮了！"

"救命啊！"随着一声叫喊，活神仙从废墟中爬了出来。活神仙看见了小派，咬牙切齿地说："好啊！是你修改了电脑的控制程序！我一定要报仇！"

少年宫里的黑影

今天是星期六，小派一早起来就去找小眼镜。

小派说："咱们快去少年宫参加活动。"

"走！"小眼镜拿起书包，两人一起跑了出去。

来到少年宫的门口，他们看见一群同学正围着看门的老爷爷说着什么，两人挤了进去。

老爷爷说："昨天夜里，我看见一条黑影在电脑教室前一闪就不见了。"

一个同学说："那肯定是贼！"

这时少年宫的王老师拿着一张纸条，急匆匆地走来。王老师说："昨天夜里丢了一台电脑，窃贼还留下一封信。"

只见信上写道：

尊敬的少年宫领导：

 我借贵处的一台电脑一用。过三天，让小派一个人到我家去取。我家地址是背阴胡同，门牌号是一个三位数。中间的数字是 0，其余两个数字之和是 9。如果百位数字加 3，个位数字减 3，那么这个数就等于把原数中的百位数字和个位数字对调后所得的数。

知名不具

王老师问："小派，你认识这个人吗？"

小派说："我现在还不知道他是谁，但是，三天之后我一定去找他！"

小眼镜在一旁说："你要找这个贼，先要算出他的门牌号。"

"我现在就算。"小派说，"设门牌号的个位数字为 x，则百位数字就是 $9-x$，门牌号是 $100\times(9-x)+10\times0+x$。"

奇妙的数王国 李毓佩 数学科普文集

小派边写边算："百位数字加 3，个位数字减 3，等于原数百位数字和个位数字对调。可以列出方程

$$100\times(9-x+3)+10\times0+(x-3)=100\times x+10\times0+(9-x)，\text{解得} x=6，9-x=3。"$$

小眼镜说："这个贼住在背阴胡同 306 号。怎么办？"

小派想了一下，说："既然这个贼认识我，咱们俩不如轮流在 306 号门口看守，看看这个贼究竟是谁。"

"就这么办！"小眼镜表示同意。

小眼镜来到背阴胡同 306 号门口蹲守，这时来了一个裹着围巾的老太太。

老太太问："小朋友，你在这儿等谁呀？"

小眼镜很有礼貌地回答："我在等一个熟人。"

"在外边多冷，快到我家来等吧！"说着，老太太硬是把小眼镜拉进了家里。

刚一进屋，一只大老鼠从小眼镜的脚底下"吱"的一声蹿了过去。

"我的妈呀！"小眼镜吓得跳了起来。

"嘻嘻。"老太太笑着说，"我这间屋子里别的没有，老鼠倒是有几十只。"

小眼镜听了倒吸一口凉气："啊！有那么多老鼠？我最怕老鼠，老奶奶，您让我走吧！"

"慢着！给我算一道题再走。"老太太指着墙说，"隔壁是一个食品仓库，我训练一大一小两只老鼠在墙上给我打洞。"

老太太停了一下，说："这堵墙厚 0.5 米，大小两只老鼠从墙的两面对着挖。第一天各挖进 0.1 米，从第二天起，大老鼠的进度是前一天的 2 倍，小老鼠的进度却是前一天的一半。你给我算算，它们俩几天才能挖通？"

小眼镜问："你让老鼠打洞干什么？"

老太太用手指点了一下小眼镜的前额，说："傻孩子，墙上打一个洞，我想吃什么，就可以从仓库里拿什么！"

小眼镜吃惊地说："你是想偷仓库里的东西！"

"嘘——"老太太紧张地说，"别大声嚷嚷！"

小眼镜十分肯定地说："这种题我不给你算！"

"嘿嘿。"老太太冷笑了两声，说，"我估计你也算不出来！如果是小……好了，不会算你就走吧！"

怪老头

小眼镜把见到老太太的情况向小派说了一遍。最后，小眼镜说："看来这个老太太认识你！"

小派想了一下，说："咱们先把老鼠打洞所需要的天数算出来。我想，老鼠不把洞打穿，这个怪老太太是不会走的。"

"对！"小眼镜说，"大老鼠每天挖进的米数依次为 0.1，0.1×2，0.1×4，0.1×8…而小老鼠每天挖进的米数依次为 0.1，$0.1 \times \frac{1}{2}$，$0.1 \times \frac{1}{4}$，$0.1 \times \frac{1}{8}$…"

小派继续往下算："头两天共挖 $(0.1 + 0.1) + 0.1 \times (2 + \frac{1}{2}) = 0.45$（米），还剩下 $0.5 - 0.45 = 0.05$（米）。这 0.05 米用第三天的速度来挖，所需要的时间是 $0.05 \div [(4 + \frac{1}{4}) \times 0.1] = \frac{1}{2} \div \frac{17}{4} = \frac{2}{17}$（天），合在一起共需要 $2\frac{2}{17}$ 天。"

小派说："走，我和你一起去会会这个怪老太太！"

"好！"小眼镜和小派很快就来到了老太太家。

小眼镜敲门："老奶奶，开门！"

开门的不是什么老奶奶，而是一个干瘦干瘦的老头。瘦老头说："你们找老奶奶？这里从来就没有什么老奶奶，只有我一个老头。"

小眼镜摸着自己的脑袋说："这就奇怪了，我刚刚在这儿见到的是一位老奶奶呀！"

小派问："您认识活神仙吗？"

"活神仙？"瘦老头摇摇头说，"还赛诸葛呢！不认识。"

小派又问："您认识一个偷电脑的小偷吗？"

"我哪里认识小偷！"说完，瘦老头把门"砰"的一声关上了。

小眼镜瞪大眼睛说："看来这家的人是属孙悟空的，会变！"

"明天咱们再来，看他还会变成什么样。"小派和小眼镜回家了。

第二天，小派和小眼镜又来敲门。这次开门的却是一个挺着大肚皮的外国胖老头。

胖老头问："哈喽！你们找谁？"

小眼镜吃惊地问："怎么？今天又变成了外国人！"

小派拿出小偷留下的信，说："我们按照你约定的时间和地点，来取被你偷走的电脑。"

"你们诬蔑好人，我要起诉你们！"胖老头气焰十分嚣张。

"咱们还不一定谁起诉谁呢！"小派直奔屋里。

小派指着大立柜上面的方盒子问："这个盒子里装的是不是电脑？"

胖老头说："那是一个空盒子。"

小派说："请拿下来，我们看看。"

胖老头拍拍自己的大肚皮，说："我这么大的肚子，爬不上去呀！"

"我给你放放气！"小派拿起一把尖锥，朝胖老头的大肚皮扎去。只听"噗"的一声，胖老头的肚皮瘪了，原来他在衣服里边塞了一个大气球。

"完了，露馅了，快跑！"胖老头撒腿就跑。

"活神仙，哪里跑！"小派和小眼镜追了出去。

乔装打扮

小派和小眼镜追出大门，看见活神仙正沿着大街往前跑。

小眼镜往前一指，说："你看，活神仙钻进了一家服装店。"

"进去看看！"小派和小眼镜跟了进去。两人转了一圈儿，没有发现活神仙。

小眼镜说："怪了，怎么一转眼就不见了？"

服装店里有好多塑料做的服装模特，一位女售货员迎上来问："二位同学想买什么衣服？"

小派说："我们不买衣服，我们是在追一个人。"

女售货员说："这里除了这些穿着衣服的塑料模特，一个顾客都没有啊！"

小眼镜说："我们明明看见他跑了进来！"

小派问："阿姨，你们这里的模特有多少个？"

女售货员想了想，说："嗯……我也记不大清楚了。只记得上个月，我曾经想把其中的 15 个女模特换成男模特，换了之后男女模特数相等，结果我没换。前天我又想把其中的 10 个男模特换成女模特，这样一换，女模特数是男模特的 3 倍，结果我又没换。"

小眼镜说："看来需要把男女模特数先算出来。"

"说得对！"小派说，"首先可以肯定，女模特比男模特多 30 个。"

小眼镜点点头，说："对！不然的话，怎么会把 15 个女模特换成男模特之后，男女模特数会相等呢！"

小派又说："女模特比男模特多出 30 个，如果再把其中 10 个男模特换成女模特，女模特就比男模特多出 50 个了。这时，50 个恰好是剩下男模特数的 2 倍，这样就知道剩下的男模特是 25 个。"

小眼镜接着说："这样一来，男模特为 25＋10＝35（个），女模特

奇妙的数王国　李毓佩　数学科普文集

为 $35+30=65$ （个）。"

小派说："咱俩数数男女模特数对不对。我数男模特，1，2，3，…，35，对！一个不多，一个不少。"

小眼镜数女模特："1，2，3，…，65，66，咦，怎么多出一个女模特？"

小派十分警惕地说："这里面肯定有鬼！咱们俩把女模特逐个检查一下。"

"好！"小眼镜和小派开始检查。突然，他们俩发现一个女模特的腿在不停地抖动。

小眼镜指着那个女模特说："快看，那个女模特活了！"

"快去抓住她！"小派和小眼镜朝那个女模特扑去。女模特显然是活神仙假扮的，他看见小派跑了过来，立刻撒腿就跑。他一边跑，一边叫道："哎呀，不好啦！让小派识破了，快跑！"

活神仙转了两个弯儿，跑进了动物园。小派抹了一把头上的汗，说："咱们俩要一追到底！"两人追进动物园，发现活神仙又不见了。动物园这么大，到哪里去找？

小眼镜找到工作人员："叔叔，您看见一个穿花衣服的老头跑进来了吗？"

"看见了，他还让我把这张纸条交给你们。"说着工作人员把手里的一张纸条交给了小眼镜。纸条上写着：

小派：

我藏在某个关动物的笼子里，将这个笼子号乘以5，减去乘积的 $\frac{1}{3}$ 差数再除以10，然后依次加上这个笼子号的 $\frac{1}{2}$、$\frac{1}{3}$ 和 $\frac{1}{4}$ 最后得68。有胆量的来找我！

小眼镜说："嗬，活神仙还成心和咱们斗气！"

"咱们算算这个笼子的号码，可以用方程来解。"小派边说边写，"设笼子号为 x，根据纸条上所写，可列方程：

$$(x \times 5 - \frac{5x}{3}) \div 10 + \frac{x}{2} + \frac{x}{3} + \frac{x}{4} = 68,$$

化简得

$$\frac{17x}{12} = 68,$$

$$x = 48。"$$

小眼镜说："哈，活神仙藏在 48 号笼子里。"

"什么？在 48 号笼子里？那不可能！"工作人员听说有人在 48 号笼子，脸色陡变。

小眼镜摇摇头说："这个人的胆子真小！"两人找到了 48 号笼子，往笼子里一看，啊，笼子里关着一只斑斓猛虎！

小眼镜吃惊地说："是一只大老虎！"

小派说："我看活神仙不可能藏在关老虎的笼子里。"

这时，老虎忽然发怒，两眼盯着笼子顶大吼，并不停尝试着要扑上去。小派和小眼镜顺着一看，发现活神仙穿着花衣服在笼子上面又蹦又跳，一边跳，一边喊："救命啊！老虎要吃我啦！"

突然，活神仙从笼子上面跳了下来，一转眼，消失在人群当中。

法网难逃

活神仙跑了之后，小眼镜垂头丧气地坐在地上："最后还是让活神仙跑了！唉！"

小派紧握双拳："我就不信抓不到这个窃贼！"

这时，少年宫的王老师带着警察来了。王老师介绍说："警察同志，这两位同学一直在追踪那个盗窃犯。"

小派高兴地说："警察叔叔来了就好了！"

警察问："你们俩看清犯罪嫌疑人是谁了吗?"

"看清楚了,他就是那个总骗人的活神仙!"小派和小眼镜异口同声地回答。

警察点点头说:"好!你们俩继续密切关注活神仙,一旦发现他的踪迹,立即告诉我!"

小派和小眼镜向警察敬礼,大声回答:"是!"

一天放学后,小派和奇奇一起回家,听到路上有人在叫喊:"买邮票,换邮票啦!"小派循声望去,发现卖邮票的不是别人,正是活神仙。

小派对奇奇说:"这个活神仙又在这儿倒卖邮票了。

你想办法把他稳住,我去打电话报告警察。"

奇奇走上前问:"你有多少邮票?我叔叔最喜欢集邮了。"

活神仙上下打量了一下奇奇,半信半疑地说:"我这儿有三大本邮票。全部邮票中,有 $\frac{1}{5}$ 在第一本上,有 $\frac{n}{7}$ 在第二本上,第三本上有 303 张邮票。你说我有多少邮票?"

一个过路人说:"这个卖邮票的,在这儿吹了半天牛了。你给他算算,他究竟有多少邮票?"

"行!"奇奇开始计算,"我用方程来算:设他有 m 张,第一本里有 $\frac{m}{5}$ 张,第二本里有 $\frac{mn}{7}$ 张,第三本里有 303 张邮票。可以列一个方程:$\frac{m}{5}+\frac{mn}{7}+303=m$。坏了!这一个方程里有两个未知数,这可怎么办?"

奇奇眼珠一转,对这个过路人说:"你看住这个卖邮票的,别让他走了。我去趟厕所。"说完转身去电话亭找小派。

奇奇对小派说:"这个方程中有两个未知数,我不会解!"

小派拿着题目仔细琢磨:"在解方程时,不妨先把 n 当作已知数,只把 m 看作未知数,这样就有

$$\frac{m}{5}+\frac{mn}{7}+303=m,$$

$$m(1-\frac{1}{5}-\frac{n}{7})=303 ,$$

$$m=303\times\frac{33}{28}-5n 。”$$

奇奇皱着眉头说:"这个解里还是含有 n 呀!"

"你别着急,我还没解完呐!"小派说,"由于 m 代表的是邮票的张数,m 必然是正整数。我们看一下,n 取什么数时,才能保证 m 一定是正整数。"

奇奇有点儿开窍了:"可以先把分子分解成 $303\times35=3\times101\times5\times7$,然后看 n 取什么值时,$28-5n$ 是分子的一个因数。"

"说得对!"小派说,"当 $n=5$ 时,$28-5n=28-5\times5=3$,恰好是分子的一个因数。这时

$$m=\frac{303\times35}{28-5\times5}=\frac{10605}{3}=3535 (张)。$$

活神仙有 3535 张邮票,嘿,还真不少!"

小派带着警察找到了活神仙。警察出示搜查证,说:"有人指控你偷了少年宫的一台电脑,我们要到你家去搜查!"

活神仙被吓得面无血色,他耷拉着脑袋,领着警察回了家。警察从活神仙家里搜出了两台电脑。

警察问:"你怎么有两台电脑?"

活神仙强装笑脸,说:"一台现役,一台备用。"

警察说:"你把两台都打开!"

"这个容易。"活神仙打开一台电脑,说,"这台电脑会算命。您要不要算命?一算一个准!"

警察严肃地说:"不许骗人!打开另一台电脑!"

由于活神仙不知道这台电脑的密码,折腾了半天也打不开。活神仙说:"其实,算命用那台电脑就足够了,何必非要打开这台电脑?"

小派提醒:"这台电脑是设了密码锁的,不知道密码,休想打开!"

"噢，我想起来了！密码是666。六六大顺呀！"活神仙立刻输入666，但还是打不开。

活神仙眼珠一转，又说："噢，我想起来了！应该是888。888是发发发呀！发大财呀！"他很快输入888，但还是打不开电脑。

警察说："你打不开这台电脑，因为这台电脑根本不是你的！"

活神仙还死不认账，梗着脖子叫道："不是我的，会是谁的？"

警察对小派说："还是你把密码告诉他吧！"

小派说："我们电脑组的同学都知道这台电脑的密码。密码是三个质数的乘积，要求其中两个大质数的乘积最大，而这三个质数的和恰好等于800。"

活神仙摸着脑袋想了半天，他喃喃地说："我今天这是怎么啦？连这么简单的问题都解不出来！"

警察一针见血地指出："那是因为你做贼心虚！"

"还是我来帮你解吧！"小派说，"三个质数之和是偶数，说明它们当中必然有质数2。这样另外两个质数之和就是798，而要使两个质数的乘积最大，这两个数必须接近相等才行，因此一个质数是397，另一个质数是401。所以密码是 $2 \times 397 \times 401 = 318394$。"

小派输入密码后，将电脑打开了。

小派拿出花衣服，问："这是不是你穿过的花衣服？"

"这……"活神仙有点儿傻眼了。

警察又拿出活神仙留下的纸条，说："经过技术鉴定，证明这些纸条都是你写的。"

活神仙慢慢地低下了头。警察宣布："活神仙，由于你涉嫌偷窃少年宫的电脑，你被拘留了！"一副手铐被戴在了活神仙的手上。